BIBLIOTHÈQUE DE L'AGRICULTEUR PRATICIEN
Encouragée par S. Exc. le Ministre de l'Agriculture.

DE L'ÉDUCATION

DU

LAPIN DOMESTIQUE

PAR

ALEXIS ESPANET

5ᵉ Édition revue et augmentée

PARIS

LIBRAIRIE CENTRALE D'AGRICULTURE ET DE JARDINAGE

RUE DES ÉCOLES, 62 (ancien 82), PRÈS LE MUSÉE DE CLUNY

— Auguste GOIN, éditeur —

Auguste GOIN, Editeur et Commissionnaire, à Paris

RUE DES ÉCOLES, 62 (ANCIEN 82), PRÈS DU MUSÉE DE CLUNY

LIBRAIRIE CENTRALE
D'AGRICULTURE ET DE JARDINAGE

FONDÉE EN 1853

CATALOGUE GÉNÉRAL

1er MARS 1872.

Nota. — Tous les ouvrages composant le présent Catalogue sont expédiés *franco* sans augmentation des prix marqués, sur demande affranchie. — En outre de l'envoi *franco*, il sera fait 5 p. 100 de remise sur les commandes de 31 à 50 fr., et 10 p. 100 sur celles de 51 fr. et au delà. — *Sont exceptés de ces conditions les abonnements aux journaux, sur lesquels il n'est fait aucune réduction.*— Je me charge de fournir aux conditions détaillées ci-dessus les ouvrages de **Droit**, de **Littérature ancienne et moderne**, de **Médecine**, de **Sciences diverses**, etc. — Les demandeurs sont priés de joindre à leur commande un mandat de poste égal à la valeur des ouvrages demandés, et non des cachets d'affranchissement, ceux-ci n'arrivant pas toujours à destination.

Bibliothèque de l'Agriculteur praticien.

Encouragée par MM. les Ministres de l'Agriculture et du Commerce et de l'Instruction publique

Abeilles (*Culture des*), par l'abbé FLOQUET. 1 vol. in-18.   1 fr.

Abeilles. Leur éducation, par A. ESPANET. In-18.   40 c.

Abeilles. — Le Guide du propriétaire d'abeilles, par l'abbé COLLIN, 3e édit. 1 vol. in-18 et 2 planches.   2 50

Agronomie. — Études théoriques et pratiques d'agronomie et de physiologie végétale, par Isidore PIERRE, doyen de la Faculté des sciences de Caen. 4 vol. in-18.   14 fr.

    Ier *Volume : Sol — Engrais — Amendements.*

    IIe *Volume : Plantes fourragères, Graines et produits dérivés.*

    IIIe *Volume : Céréales.*

    IVe *Volume : Plantes industrielles — Recherches diverses.*

Approuvé par la Commission des Bibliothèques scolaires.

Almanach de l'Agriculteur praticien pour 1871-72. 15e année. 1 vol. in-18 avec de nombreuses fig.   50 c.

    Les années 1857 à 1870, chaque.   50 c.

Cette collection forme une véritable *Encyclopédie agricole*, les matières étant changées chaque année.

    Prix (*franco*) des 14 années prises ensemble.   5 50

Analyse chimique appliquée à l'agriculture (*Notions élémentaires d'*), par Isidore PIERRE. 1 vol. in-18 avec fig.   2 50

Approuvé par la Commission des bibliothèques scolaires.

Animaux domestiques, reproduction, amélioration et élevage, par DE WECKHERLIN. In-18.   2 fr.

Apiculture productive et pratique, selon la méthode de M. Amédée MAUCET. par Adolphe DE BOUCLON. 1 vol. in-18.   3 50

Basse-Cour. — Poules, Oies, Canards, Pintades, Dindons, Pigeons, par le baron PEERS, 2e édit. 1 vol. in-18 et planches.   1 75

Basse-Cour et Lapin. Traité complet de l'élève et de l'engraissement des animaux de basse-cour et du lapin, par YSABEAU. 1 vol. in-18.   75 c.

Bétail (*De l'alimentation du*), aux points de vue de la production, du travail, de la viande, de la graisse, de la laine, du lait et des engrais, par Isidore PIERRE, 4e édition. 1 vol. in-18.   2 50

Bêtes ovines (*Traité des*), par WECKHERLIN. 1 vol. in-12.   3 50

Bêtes ovines (*Des*) **et des Chèvres**, par YSABEAU. 1 vol. in-18. fig. 75 c.

Chaux, Marne et Calcaires coquilliers. Leur emploi pour l'amendement du sol. par Isidore PIERRE, 2e édition. In-18.   50 c.

Cheval. — Principes sommaires de l'élevage du cheval, dédiés aux élèves adultes des Écoles rurales; jeunes cultivateurs; enseignement professionnel, par BASSERIE, lieutenant-colonel, 2e édit. 1 vol. in-18.   1 fr.

Cheval. — Production, élevage et dressage du cheval, par Ephrem. HOUEL. 1 vol. in-18 orné de figures (*sous presse*).   1 50

Chevaux. — Conseils aux éleveurs, par Ch. DU HAYS. 1 vol. in-18 avec figures.   3 50

Chiens. — Les maladies des chiens et leur traitement, par HERTWIG, 2e édit. 1 vol. in-18.   3 50

Constructions rurales (*Manuel des*), par BONA. 4e édit. 1 vol. in-18 orné de 200 fig.   3 50

Cultivateur anglais (*Le*). Théorie et pratique de l'agriculture, par MURPHY, trad. de l'angl. sur la 5e édit. par SANREY. In-18. Fig.   1 50

Approuvé par la Commission des Bibliothèques scolaires.

Culture forestière dans les terres fortes ou argileuses du Midi (*Instruction pratique*), par A.-J.-M. DE SAINT-FÉLIX (1840), 1 vol. in-12.   1 fr.

Dindons et Pintades, par MARIOT-DIDIEUX. 1 vol. in-18.   75 c.

Drainage. L'art de tracer et d'établir les drains, par GRANDVOINNET. 2 vol. in-18 avec 160 figures. **3 fr.**

Drainage. Résumé d'un cours pour les cultivateurs, par HERNOUX, ingénieur. In-18. Fig. **1 fr.**

Drainage. — Traité de Drainage, ou assainissement des terrains humides, par J. LECLERC, 3e édit. 1 vol. in-18 orné de 130 fig. **3 50**

Engrais de mer : *Tangues, Merl, Goemons, Débris divers de poissons, Guanos,* etc. — Etudes sur ces engrais, par Isidore PIERRE. 2e édit. 1 vol. in-18. **2 50**
Approuvé par la Commission des bibliothèques scolaires.

Engrais en général *(Des),* suivi de la manière de traiter les matières fécales, par GREFF, 2e éd. in-18. Fig. **50 c.**

Fourrages. — Recherches sur la valeur nutritive des fourrages, par Isidore PIERRE. 4e édit. 1 vol. in-18. **2 50**
Approuvé par la Commission des bibliothèques scolaires.

Fumier. — Plâtrage et sulfatage du fumier et désinfection des vidanges, par Isidore PIERRE, 3e édit. In-18. **50 c.**
Approuvé par la Commission des Bibliothèques scolaires.

Graminées. — Traité des graminées céréales et fourragères : études botaniques, description des genres et espèces, rendement des diverses espèces, propriétés nutritives, sols qui conviennent, par DE MOOR. 1 vol. in-18, orné de 150 fig. **2 50**

Guano du Pérou. Comp., falsification, emploi et effets. In-18. **30 c.**

Industries agricoles *(Les)* **et industries annexes.** Brasserie, distillerie, sucrerie, vinaigres, vins ; féculerie, conservation des grains, meunerie. etc., par RONNA, 2e édit., fig. et planches. *(Sous presse.)*

Irrigations *(Petit Traité des),* par James DONALD, traduit par A. DE FRARIÈRE. In-18 avec fig. **50 c.**

Lapin domestique *(Traité pratique de l'éducation du),* par F. Alexis ESPANET, 5e édit. 1 vol. in-18 avec figures. **1 fr.**

Maïs *(Alcoolisation des tiges du)* et du **Sorgho sucré.** ALCOOL. — CIDRE. — BIÈRE. — VINS ARTIFICIELS, par DURET. In-18. **75 c.**

Matières fertilisantes. — Guide pratique du cultivateur pour le choix, l'achat et l'emploi des matières fertilisantes. Origine, composition, valeur, effets, durée, modes d'emploi, prix, garanties, recours en cas de fraude, etc, par A. DUDOUY. 1 vol. in-18 avec fig. **2 50**
Approuvé par la Commission des Bibliothèques scolaires.

Médecine vétérinaire des bêtes à cornes ou instruction aux laboureurs sur la manière de connaître et de guérir les maladies du bétail, avec un abrégé de la matière médicale et les noms des remèdes tant simples que composés, par A. COTTIER, 4e édit. 1 vol. in-18. **1 fr.**

Médecine vétérinaire. — Manuel de médecine vétérinaire, par VERHEYEN, DEFAYS et HUSSON. 1 vol. in-18. *(Nouvelle édition sous presse)*

Ortie de la Chine *(L')* et *sa culture.* — Notice sur les diverses plantes qui portent ce nom, leurs usages et leur introduction en Europe, par RAMON DE LA SAGRA. In-18. **1 fr.**

Phosphates de chaux *(Fabrication et emploi des),* par RONNA, 2e édit. 1 vol. in-18. *(Sous presse.)*

Pigeons *(De l'éducation des),* **Oiseaux** de luxe, de volière et de cage, par A. ESPANET. 2e édit. 1 vol. in-18 avec figures. **1 fr.**

Plantes fourragères *(Traité pratique de la culture des),* par DE THIER, 2e édit. revue et augmentée par A. LEROY. 1 vol. in-18. **1 fr.**
Approuvé par la Commission des bibliothèques scolaires.

Plantes-racines. — De la culture des plantes-racines : pommes de terre ; topinambour ; betterave ; carotte ; navet ; rutabaga ; chicorée, par MAX. le Doct.. 2e édit. 1 vol. in-18, orné de 23 fig. **1 25**

Pomone agricole. — Plantation et culture du poirier et du pommier dans les champs et les vergers, suivie d'une notice sur la fabrication du cidre et sur la préparation alimentaire des poires et des pommes, par Ferdinand MAUDUIT. 1 vol. in-18 orné de 25 fig. dans le texte. 1 25
Ouvrage couronné par la Société impériale et centrale d'horticulture de la Seine-Inférieure. — Approuvé par la Commission des bibliothèques scolaires.

Porcs (*Du traitement des*) aux différentes époques de l'année. Extrait des meilleurs ouvrages anglais, par J. A. G. *Nouvelle édition* corrigée et augmentée. 1 vol. in-18 orné de 65 figures. 2 fr.

Porcheries (*De l'établissement des*), dispositions diverses, construction, par J. GRANDVOINNET. 1 vol. in-18 orné de 95 fig. 2 50

Poules et poulets (*Éducation des*), **Dindons**, **Oies** et **Canards**, par Alexis ESPANET. 2e édit. 1 vol. in-18 avec fig. 1 fr.

Prairies. — Culture, formation, entretien, amélioration, renouvellement, etc., par P. DE MOOR. 1 vol. in-18, orné de 67 fig. 1 25

Prairies et Fourrages dans les terres fortes et argileuses du Midi (*Traité pratique*), par A.-J.-M. DE SAINT-FÉLIX (1841). 1 vol. in-12. 1 fr.

Profits (*Les*) en agriculture, par Pierre MÉHEUST. In-18. 1 50

Récoltes dérobées (*Des*), comme fourrages et engrais verts, et culture de la *Moutarde blanche*, trad. de l'angl. par J. A. G. In-18. Fig. 75 c.

Sang de rate des animaux d'espèces ovine et bovine, par Isidore PIERRE. In-18. 1 fr.
Couronné par la Société protectrice des animaux.

Semailles en ligne (*Des*) et des **Semoirs mécaniques**, par F. GEORGES. In-8°. (Extrait de l'*Agriculteur praticien*.) 50 c.

Sorgho à sucre (*Guide du distillateur du*), par BOURDAIS. In-18. 1 fr.

Stabulation (*De la*) de l'espèce bovine, par le baron PEERS. In-18. 1 25

Topinambour. — Culture, alcoolisation et panification de ce tubercule, par DELBETZ. 1 vol. in-18. 1 25
Approuvé par la Commission des bibliothèques scolaires.

Végétaux (*De la nutrition des*) considérée dans ses rapports avec les assolements, par le baron DE BABO. 1 vol. in-18. 1 fr.

Vigne (*Nouvelle Culture de la*) en plein champ, sans échalas ni attaches, par TROUILLET, 4e édit. In-18 avec 15 gravures. 2 50

Vigne (*Régénération de la*) par une nouvelle plantation, par E. TROUILLET, 2e édition. In-18. 75 c.

Visite à un véritable agriculteur praticien, par DURAND-SAVOYAT, propriétaire cultivateur. 1 vol. in-18. 1 25

Voyage agricole en Russie, par L. DE FONTENAY, 1 vol. in-18. 3 50

Abeilles, Agriculture, Amendements, Bois, Cubage, Économie rurale, Fumiers, Oiseaux de basse-cour, etc.

Abeilles (*Asphyxie momentanée des*). Moyens de la pratiquer, ses avantages et ses inconvénients, par HAMET. In-18 orné de 10 fig. 50 c.

Abeille (*L'*) **italienne des Alpes.** Exposé sur l'art d'élever les reines italiennes de pure race, de les centupler en peu de mois, et de transformer en ruches italiennes les ruches communes, par HERMANN. In-18. 1 fr.

Agriculture moderne (*Lettres sur l'*), par J. LIEBIG. 1 vol. in-18. 3 50

Agriculture (*Traité d'*), publié sur le manuscrit de l'auteur, par DE MEIXMORON DE DOMBASLE. 5 vol. in-8°. 30 fr.

Agriculture pratique et raisonnée, par John SINCLAIR, traduit de l'anglais par MATHIEU DE DOMBASLE, 1825. 2 vol. in-8° accompagnés de 9 planches. (Exemplaires reliés et brochés.) 15 fr.

Agronomie, Chimie agricole et Physiologie, par Boussingault, 2ᵉ édit. 4 vol. in-8º accompagnés de 6 planches. 20 fr.

Agriculture pratique (*Nouveau cours*), par Gaucheron, 2 vol. in-18. 2 50

Agriculture pratique des tropiques (*Manuel d'*), par J. Vigneron-Jousselandière. 1 vol. in 8º. 5 fr.

Amendements (*Traité des*). Marne, chaux, diverses espèces d'amendements, par Puvis, 2ᵉ édit. 1 vol. in-12. 3 50

Analyses chimiques, comprenant toutes les analyses des substances végétales, des fumiers naturels ou artificiels, des amendements de toute espèce, d'eaux domestiques et d'eaux d'irrigation, par Emile Gueymard, 1 vol. in-8º. 5 fr.

Animaux (*Recherches expérimentales sur l'alimentation et la respiration des*), par J. Allibert. In-8º. 1 50

Apiculture (*Cours pratique d'*), professé au jardin du Luxembourg par Hamet. 3ᵉ édit. 1 vol. in-18 orné de 114 fig. et de 9 pl. 3 50

Apiculture. — Mémoire à l'aide duquel on peut cultiver en toute saison 300 ruchées, les multiplier sans perte d'essaims et sans nuire au couvain des souches, etc., par Grandgeorge. In-18 de 88 pages. 2 fr.

Apiculture perfectionnée, ou Théorie et application pratique de la direction des rayons, par J. Greslot. 1 vol. in-12 avec planches. 1 50

Arbres (*Les*). Études sur leur structure et leur végétation. par Schacht. traduit sur la 2ᵉ édition allemande et publié sous les auspices du baron de Humboldt. 2ᵉ édit. 1 vol. in-8º, orné de 10 grav. sur acier, de 205 grav. dans le texte et de 5 pl. lithog. représentant 550 sujets. 15 fr.

Arbres (*Physique des*), ou Traité de leur anatomie et de l'économie végétale, par Duhamel du Monceau. 2 vol. in-4º, fig. (*D'occasion.*) 20 fr.

Arbres et Arbustes (*Traité des*) qui se cultivent en France en pleine terre, par Duhamel du Monceau. 2 vol. in-4º, fig. (*D'occasion.*) 25 fr.

Arbres et leur culture (*Semis et plantation des*), par Duhamel du Monceau. 1 vol. in-4º, fig. (*D'occasion.*) 12 fr.

Arpentage et nivellement. — Traité pratique à l'usage des agriculteurs, par Leclerc et Toussaint. 3ᵉ édit. 1 vol. in-18, orné de 126 fig. et 2 planches. 2 50

Bétail. — Économie du bétail, par Sanson. 4 vol. in-18, fig. 14 fr.

Bêtes à laine.—Manuel de l'éleveur, par Villeroy. 1 vol. in-18, 54 fig. 3 50

Bœuf. — La connaissance générale du bœuf. Études de zootechnie pratique, par Moll et Gayot. 1 vol. in-8º et atlas de 83 pl. 10 fr.

Bois (*De l'Exploitation des*), par Duhamel du Monceau. 2 vol. in-4º, fig. (*D'occasion.*) 25 fr.

Bois (*Du transport, de la conservation et de la force des*), par Duhamel du Monceau. 1 vol. in-4º, fig. (*D'occasion.*) 8 fr.

Bois. — Cubage des bois et tarifs métriques pour cuber les bois carrés ou de charpente, les bois en grume au 5ᵉ et au 6ᵉ réduit, ainsi que les bois au quart sans déduction, précédés d'une Instruction sur la manière de cuber les différentes espèces de bois d'après le système métrique, et terminés par le prix des journées d'ouvriers depuis 50 c. jusqu'à 5 fr., à partir d'un quart de jour jusqu'à 30 jours, par Gussot. In-8º. 50 c.

Bon fermier (*Le*). Aide-mémoire du cultivateur, par Barral. 3ᵉ édit. 1 vol. in-18 orné de 101 grav. 7 fr.

Bordeaux et ses vins classés par ordre de mérite, par Ch. Cocks. 2ᵉ édit. revue par E. Féret. 1 vol. in-18 orné de 73 vues. 4 fr.

Cailles, Faisans et Perdrix. (*Voir* page 16.)

Calendrier apicole. — Almanach des Cultivateurs d'abeilles pour 1870, par MM. Hamet et Collin. In-18 orné de 14 fig. 50 c.

Calendrier du bon Cultivateur, par Mathieu de Dombasle, 10ᵉ édit. 1 vol. in-12 avec planches. 4 75

Calendrier du bon cultivateur (*Abrégé du*), par le même auteur. 1 vol. in-18. 1 50

Calendrier du bon cultivateur (*Extrait de l'Abrégé du*), par le même auteur. In-18. 60 c.

Canards. (Voir *l'Education des poules*, de Alexis Espanet, page 3.)

Cheval en France (*Le*), depuis l'époque gauloise jusqu'à nos jours. Géographie et institutions hippiques, par Ephrem Houel, inspecteur général honoraire des haras. 1 vol. in-8º 3 fr.

Cheval. — Choix du cheval, ou description de tous les caractères à l'aide desquels on peut reconnaître l'aptitude des chevaux aux différents services, par J. Magne. 1 vol. in-18 orné de 21 fig. dans le texte. 2 fr.

Chimie agricole (*Petit Cours de*), à l'usage des écoles primaires, par F. Malaguti. 1 vol. in-18, fig. 1 25

Chimie agricole, ou l'agriculture considérée dans ses rapports avec la chimie, par Isidore Pierre, 4ᵉ édit. (*Sous presse*).

Chimie agricole (*Cours de*), par Gaucheron, 2 vol. in-8º. 3 50

Chimie appliquée à l'agriculture. Précis des leçons professées depuis 1852 jusqu'à 1862, par Malaguti. 3 vol. in-18. 10 50

Cochon (*Du*). Élevage, entretien, reproduction, engraissement, maladies et leur traitement, par Arnauld Leroux (1849). 1 vol. in-12 carré. 1 fr.

Coton. — Instructions sur sa culture en Algérie, par Hardy. In-18. 1 fr.

Cours d'Economie agricole et de Culture usuelle, professé par M. Gaucheron. 2 vol. in-18. 2 50

Culture améliorante (*Principes de*), par Lecouteux. 3ᵉ éd. in-18. 3 50

Dindons. (Voir *l'Education des Poules*, de Alexis Espanet, page 3.)

Distillation des betteraves (*Recherches sur les produits alcooliques de la*), par MM. Isidore Pierre et Puchot. In-8º. 1 75

Economie rurale, considérée dans ses rapports avec la chimie, la physique et la météorologie, par J.-N. Boussingault, 2ᵉ éd. 2 v. in-8º. 15 fr.

Encyclopédie pratique de l'Agriculteur, publiée sous la direction de MM. Moll et Gayot. 13 vol. in 8º ornés de nombreuses figures. 97 50

Engrais (*Des*), ou l'art d'améliorer les plus mauvaises terres par les amendements et les engrais de toute nature, par Ducoin. 1 vol. in-18. 1 fr.

Engrais azotés (*Des*), par de Gasparin, extrait par Gueymard, avec un tableau comparatif de la puissance de 119 engrais. In-18. 25 c.

Engrais chimiques. — Petit guide pour l'emploi des engrais chimiques d'après le système de G. Ville, contenant tous les renseignements indispensables pour l'application des nouvelles méthodes de culture et d'analyse du sol, par H. Joulie, Brochure in-8º. 75 c.

Engrais perdus dans les campagnes (*deux milliards par an*), par Delagarde, 2ᵉ édit. 1 vol. in-18 de 180 pages. 1 50

Entraînement. — Guide du sportsman ou Traité de l'Entraînement et des Courses de chevaux, par E. Gayot. 1 vol. in 18, fig. 3 50

Essais gleucométriques faits en 1862 sur cent variétés de raisin, par le docteur Fleurot. In-8. 1 fr.

Faisans, Cailles et Perdrix. (*Voir* page 16.)

Fécondation (*De la*) et de l'Eclosion artificielles des œufs de poisson et de l'éducation du frai, par Godenier. In-8º. 1 fr.

Fours économiques à circulation d'air chaud, par A. Castermann. 1 vol. grand in-8º avec 5 pl., 2ᵉ édit. Bruxelles. 2 50

Fosse (*La*) **à fumier**, par Boussingault. In-8º. 1 25

Fromage de Hollande, sa fabrication, par Le Sénéchal. In-18. 50 c.
Fait partie de l'*Almanach de l'Agriculteur praticien* pour 1865.

Galéga (*Le*). Nouveau fourrage, sa culture, son usage et son profit, par GILLET-DAMITTE, 2ᵉ édit. 1 vol. in-18. 1 25

Gardes forestiers (*Guide pratique à l'usage des*), traitant des arbres et arbustes forestiers, de l'ensemencement des diverses espèces et de l'agriculture forestière, etc., etc., par VIDAL. 1 vol. in-8º et 4 lithog. 3 fr.

Guanos naturels. — Étude sur les guanos naturels en général et sur le guano du Pérou en particulier, par CRUSSARD. In-8º. 40 c.

Huîtres (*Les*), par l'abbé X. MOULS. 3ᵉ édit. 1 vol. in-18. 1 50

Incubation (*De l'*) **artificielle**, par A. LEROY. In-18 avec 2 fig. 50 c.

Irrigation. — Traité pratique de l'Irrigation des Prairies, par J. KEELHOFF. 1 vol. in-8º et atlas de 11 pl. 9 fr.

Laiterie, Beurre et Fromages, par VILLEROY. In-18, orné de 59 fig. 3 50

Lapin domestique (*Instruct. élément. pour élever le*). In-18. 50 c.
Fait partie de l'*Almanach de l'Agriculteur praticien*, 1864.

Livre de la Ferme (*Le*) et des Maisons de campagne, publié sous la direction de JOIGNEAUX. 2 vol. grand in-8º ornés de nombr. fig. 32 fr.

Lois naturelles de l'agriculture, par J. LIEBIG. 2 vol. in-8º. 10 fr.

Maison rustique des Dames, par Mᵐᵉ MILLET-ROBINET. 8ᵉ édit. 2 vol. in-18, ornés de 269 grav. 7 75

Maison rustique du XIXᵉ siècle, publiée sous la direction de MM. BAILLY, BIXIO et MALEPEYRE. 5 vol. gr. in-8º ornés de 2,500 gr. 39 50

Matières fertilisantes, *engrais solides, liquides, naturels et artificiels*, par Gustave HEUZE, 4ᵉ édit. 1 vol. in-8º. 9 fr.

Moudre. — L'Art de moudre, ou Mémoire sur les moyens employés pour empêcher que la chaleur produite par la pression et le frottement des meules soit préjudiciable à la farine, par VAN LERBERGHE. In-8º. 1 50

Mouton. — La connaissance générale du mouton, études de zootechnie pratique, etc., par MOLL et GAYOT. 1 vol. in-8º et atlas de 97 pl. 12 fr.

Oies. (Voir *l'Education des poules* de Alexis ESPANET, page 3.)

Pisciculture. — Études théoriques et pratiq es, par le vicomte H. DE BEAUMONT. Ouvrage couronné au concours des Sciences et des Lettres institué à Rhodez, à l'occasion du concours régional de 1868. 1 vol. in-18, avec fig. dans le texte. 3 50

Pisciculture. — Nouveaux éléments de pisciculture, par Isidore LAMY. 2ᵉ édit. 1 vol. petit in-8º avec fig. dans le texte. 1 75

Pisciculture. Rapport sur le repeuplement des cours d'eau, suivi des *Etudes sur les fécondations artificielles des œufs de poisson*, par DE QUATREFAGES et MILLET. In-8º. 1 25

Pisciculture et culture des eaux, par P. JOIGNEAUX. 1 vol. in-18 orné de 61 figures. 3 50

Plantes fourragères, par HEUZÉ, 3ᵉ édit. 1 vol. in-8º orné de 18 pl. col. et de 38 vign. 10 fr.

Poulailler (*Le*). Monographie des poules indigènes et exotiques, par Ch. JACQUE. 2ᵉ édit. 1 vol. in-18, 117 grav. 3 50

Poules (*Education des*), par BEAUFORT DE LAMARRE, suivie du *Chaponnage et de l'Engraissement*. In-18. 25 c.

Poules (*Maladies des*). Causes et traitement. Tr. de l'angl. In-18. 50 c.
Fait partie de l'*Almanach de l'Agriculteur praticien*, 1862.

Races chevalines, leur amélioration. Entretien, multiplication, élevage, éducation du cheval, de l'âne et du mulet, précédé des principes généraux de l'amélioration des animaux domestiques, par J. MAGNE, 3ᵉ édit. 1 vol. in-18, orné de fig. dans le texte. 8 fr.

Ruches de tous les systèmes, ou examen et description des ruches anciennes et modernes, par BUZAIRIES et HAMET. In-8º avec 51 fig. 1 50

Ruche à espacements (*Notice sur la*) et sa culture, par SAURIA. In-8º avec 3 planches et tableaux. 1 fr.

Sorgho (*Composition chimique et extraction du sucre de la canne de*), par Paul Madinier. In-8°. 60 c.

Sorgho à sucre (*Études et expériences sur le*), considéré aux points de vue botanique, agricole, chimique, physiologique et industriel, par H. Joulie. 1 vol. in-8°, avec fig. 3 50

Sorgho à sucre (*Le*). Culture, récolte, emploi de la graine, extraction du jus sucré, distillation, etc., par Paul Madinier. In-8°. 60 c.

Sorgho sucré (*Le*), sa culture comme plante fourragère et comme plante alcoolisable et saccharine, par Louis Hervé. In-8°. 60 c.

Taupier (*L'Art du*), ou Méthode amusante et infaillible pour prendre les taupes, par Dralet. 16e édit. 1 vol. in-12, fig. 1 fr.

Vaches laitières (*Abrégé du traité des*), par Guénon. In-18, fig. 2 fr.

Vaches laitières (*Traité des*) et de l'espèce bovine en général, par F. Guénon, 4e édit. 1 vol. in-8°, nombreuses fig. 6 fr.

Vers à soie (*Conseils aux nouveaux éducateurs de*), par F. de Boullenois, 2e édit. 1 vol. in-8°. 3 50

Vigne. — Résumé des opérations à suivre pendant le cours de la végétation de la vigne et étude de la rupture des bourgeons à l'état herbacé, par E. Trouillet. 2e édit. Tableau in-folio, fig. et texte. 60 c.

Vigne. — Le quatrième livre du *Rustican de Pierre Crescenzi*, consacré à la vigne, à sa culture et à l'étude de son produit. In-8. 2 fr.
Traduction d'une partie d'un ouvrage publié pour la première fois en 1471.

Vigne. — Nouveau mode de culture et d'échalassement, applicable à tous les vignobles où l'on cultive les vignes basses, par T. Collignon. 1 vol. in-8° avec 3 pl. 3 fr.

Vigne en France (*La*), et spécialement dans le sud-ouest, par Romuald Dejernon. 1 vol. in-8°. 5 fr.

Vignes. — De la culture des vignes, de la vinification et du vin dans le Médoc, par A. d'Armailhacq. 3e édit. 1 vol. in-8°. 7 fr.

Vignobles. — Culture perfectionnée et moins coûteuse des vignobles, par A. Dubreuil. 1 vol. in-18, orné de 144 fig. dans le texte. 3 50

Vin. — Le Vin, par de Vergnette-Lamotte. 1 vol. in-18. 3 50

Vins. — Traité pratique, par Machard. 4e édit. 1 vol. in-18. 3 50

Vins du Médoc et autres vins rouges et blancs de la Gironde, par W. Franck, 5e édit. 1 vol. in-8°, orné de 33 vues de châteaux et d'une carte de la Gironde. 9 fr.

Vins, spiritueux, liqueurs d'exportation, etc. — Traitement pratique par les méthodes bordelaises. Vinification des grands vins rouges et blancs de la Gironde, vins ordinaires, fabrication des vins de liqueur, vermouths, vins mousseux, rhums, eaux-de-vie, liqueurs, vinaigres, huiles. etc., par Boireau. 1 vol. in-8° orné de 8 pl. 6 fr.

Bibliothèque de l'Horticulteur praticien.

Encouragée par MM. les Ministres de l'Agriculture et du Commerce et de l'Instruction publique

Almanach du Jardinier-Fleuriste pour 1871-72, suivi de notes sur le jardin potager, 17e année. 1 vol. in-18 avec fig. dans le texte. 50 c.
Les années 1860, 1861, 1863, 1868, 1869 et 1870 chaque 50 c.

Arboriculture des Écoles primaires, ou *Notions d'arboriculture fruitière* mises à la portée des enfants, par J. Brémond, 3e édition aug-

mentée de plusieurs chapitres empruntés au *Verger*. 1 vol. in-18 et album. 2 fr.
Approuvé par la Commission des Bibliothèques scolaires.

Arboriculture (*Notions préliminaires d'*) à la portée de tout le monde. Conseils pratiques, par E. TROUILLET, 2ᵉ édit. In-18 orné de 21 fig. 1 fr.

Arbres fruitiers. — Conseils sur le choix, la culture et la taille des arbres fruitiers, pouvant convenir aux provinces du nord, de l'est, de l'ouest et du centre de la France, par le comte DE LAMBERTYE. In-18. orné de 33 figures. 1 fr.

Arbres fruitiers. — Manuel populaire de culture, marcottage, bouturage, greffage et taille, par JOIGNEAUX. 1 vol. in 18, orné de 111 fig. 2 50

Arbres fruitiers (*Des*) **et de la Vigne**, par YSABEAU. 1 vol. in-18. 75 c.
Approuvé par la Commission des bibliothèques scolaires.

Arbres fruitiers et de la Vigne (*Nouvelle Méthode de taille des*), par PICOT-AMETTE, 3ᵉ édit. 1 vol. in-18 orné de 37 grav. dans le texte. 1 50

Asperges (*Semis, plantation et culture des*), par BOSSIN, 3ᵉ édit. 1 vol. in-18 avec figures. 1 fr.

Bouturer, greffer, marcotter et semer (*Guide pour*) les plantes d'ornement, annuelles ou vivaces, arbres et arbustes, extrait en partie du *Jardin fleuriste*, par LEMAIRE, LEQUIEN, le vicomte DU BUYSSON, etc., 2ᵉ édition. In-18 orné de 35 fig. 1 fr.

Cactées. — Leur culture, suivie d'une description des principales espèces et variétés, par PALMER. 1 vol. in-18, orné de 33 fig. 2 fr.

Champignons (*Culture des*), avec l'indication d'une nouvelle méthode pour en obtenir en tous lieux par l'emploi de la mousse, par SALLE, 4ᵉ édit. 1 vol. in-18, orné de 20 fig. dans le texte. 1 fr.

Culture maraîchère. — Traité théorique et pratique de culture maraîchère, par RODIGAS. 3ᵉ édit. 1 vol. in-18. 3 50

Culture potagère en pleine terre et sous châssis, par un amateur, 1 vol. in-18 orné de nombreuses figures dans le texte. (*Sous presse*).

Cyclamen. — Description et culture par un amateur. 1 vol. in-18, fig. (*Sous presse*).

Fleurs de pleine terre et de fenêtres. — Conseils sur leur culture, pouvant convenir aux provinces du nord, de l'est, de l'ouest et du centre de la France, par le comte DE LAMBERTYE. In-18. 60 c.
Approuvé par la Commission des Bibliothèques scolaires.

Floriculture des appartements, des fenêtres et balcons, par un amateur. 1 vol. in-18 avec fig. dans le texte. (*Sous presse*).

Fuchsia (*Histoire et Culture du*), suivies de la description de 540 espèces et variétés, par F. PORCHER. 1 vol. in-18. 3ᵉ édit. (*Sous presse*).

Fraises. — Les Bonnes Fraises. Manière de les cultiver pour les avoir au maximum de beauté, par F. GLOEDE, 2ᵉ édit. 1 vol. in-18, fig. 2 fr.

Fraisier. Sa culture en pleine terre suivie d'un choix des meilleures variétés à cultiver, par le comte DE LAMBERTYE. 1 vol. in-18. (*Sous presse*).

Fruits. — Manuel de l'amateur de fruits. Arboriculture fruitière en 10 leçons, par PYNAERT. 1 vol in-18, orné de 89 fig. 4 fr.

Greffe. — Traité de la greffe des arbres fruitiers et spécialement de la greffe des boutons à fruit, par l'abbé DUPUY. In-18 avec 24 pl. 2 50

Jardin Fleuriste (*Le*). — Instructions pour la culture des plantes annuelles, bisannuelles, vivaces; plantes à feuilles ornementales; oignons à fleurs; arbres et arbustes, par LEMAIRE, LEQUIEN, BOSSIN, BERNARDIN, CARRIÈRE, vicomte DU BUYSSON, PALMER, PORCHER, RIVIÈRE fils, etc., revu et complété par Auguste RIVIÈRE, jardinier en chef du Luxembourg, 3ᵉ édit. 1 vol. in-18, orné de 94 figures. 3 50

Jardinage. — Eléments de jardinage pouvant convenir aux provinces du nord, de l'est, de l'ouest et du centre de la France, par le comte DE LAMBERTYE. 1 vol. in-18 avec fig. dans le texte.   1 fr.

Légumes. — Conseils sur les semis de graines de légumes, offerts aux habitants de la campagne, par le comte DE LAMBERTYE, 3e éd. In-18. 30 c.
Approuvé par la Commission des bibliothèques scolaires.

Légumes et fleurs. — Conseils sur la culture de légumes et de fleurs sous un, deux ou trois châssis, pendant les douze mois de l'année, pouvant convenir aux provinces du nord, de l'est, de l'ouest et du centre de la France, par le comte DE LAMBERTYE. 1 vol. in-18 orné de fig. dans le texte.   50 c.

Melons (*Culture des*). Méthode simple et précise pour obtenir les melons d'une grosseur extraordinaire, etc., par DUFOUR DE VILLEROSE, 2e édit. 1 vol. in-18 orné de 5 grav.   1 fr.
Approuvé par la Commission des bibliothèques scolaires.

Mouvement horticole de 1867. Revue des progrès accomplis dans toutes les branches de l'horticulture, avec la relation complète de l'Exposition universelle d'horticulture qui a eu lieu au Champ-de-Mars, par E. ANDRÉ, 1 vol. in-18 de 324 pages.   2 25

Oignons à fleurs. — Semis et culture, par BOSSIN. 1 vol. in-18 avec fig. (*Sous presse*).

Plantes à feuilles ornementales en pleine terre (*Les*) : *Caladium, Canna, Gynerium. Musa, Solanum, Wigandia.* etc. Botanique et culture, par le comte DE LAMBERTYE. 2 vol. in-18 ornés de fig. et tableaux. 2 fr.

Plantes molles de pleine terre : *Pétunia, Géranium. Pensée, Verveine, Héliotrope.* Culture pratique par le vicomte F. DU BUYSSON. 1 vol. in-18, fig.   1 fr.

Pomone agricole. — Plantation et culture du poirier et du pommier dans les champs et les vergers, suivie d'une notice sur la fabrication du cidre et sur la préparation alimentaire des poires et des pommes, par Ferdinand MAUDUIT, 1 vol. in-18 orné de 25 fig. dans le texte.   1 25
Ouvrage couronné par la Société impériale et centrale d'horticulture de la Seine-Inférieure. — Approuvé par la Commission des Bibliothèques scolaires.

Reine-Marguerite (*Culture de la*), par MALINGRE. In-18.   40 c.

Rosier. — Semis, culture et taille, par MARGOTTIN fils. 1 vol. in-18 avec figures. (*Sous presse*).

Fruits et légumes de primeur (*Traité général de la culture forcée par le thermosiphon des*), par le comte DE LAMBERTYE.
Cet ouvrage sera publié en sept livraisons de 48 pages in-8º.
Prix de chaque livraison.   1 25

Les livraisons seront ainsi composées :

Melon et Concombre, 1 livr. ; — **Ananas**. 1 livr. ; — **Vigne,** 1 livr. ; — **Fraisier,** 1 livr. ; — **Groseillier, Framboisier, Figuier,** 1 livr. ; — **Pêcher, Prunier, Cerisier, Abricotier,** 1 livr. ; — **Tomate et Haricot,** 1 livr.

Les livraisons **Fraisier, Vigne, Melon et Concombre, Tomate et Haricot** *sont parues*.

Des rapports très-favorables de cet ouvrage ont déjà été faits par la *Société d'horticulture de Paris* et par un grand nombre de Sociétés les plus importantes des départements.

Arbres fruitiers, Botanique, Culture potagère, Jardinage.

Almanach Gressent pour 1871-72, contenant les principes élémentaires d'*Arboriculture* et de *Potager*, par Gressent. In-18, fig. 50 c.

Arboriculture (L') **fruitière** comprenant la culture *intensive* et *extensive* des fruits de table ; la *spéculation fruitière sans capital* ; les soins à donner aux *pépinières* aux *plantations urbaines*, *d'alignement* et *forestière*, par Gressent, 4e édit. 1 vol. in-18 avec 392 fig. dans le texte. 7 fr.

Arbres et arbrisseaux à fruits de table. 6e édit. du *Cours d'arboriculture.* par Dubreuil. 1 vol. in-18 orné de 573 fig. 8 fr.

Arbres fruitiers. — Le pincement court ou méthode de direction des arbres, et notamment du pêcher, par Gnin. 2e éd. in-18, fig. 1 25

Arbres fruitiers (*Instruction élémentaire sur la conduite des*), par Dubreuil, 6e édit. 1 vol. in-18, fig. 2 50

Arbres fruitiers (*Taille raisonnée des*), par J.-A. Hardy, 6e édit. 1 vol. in-8o avec 134 figures. 5 50

Arbres fruitiers. — Traité de la culture des arbres fruitiers, contenant une nouvelle méthode de les tailler, avec une méthode particulière de guérir les maladies qui attaquent les arbres fruitiers, par Forsyth, 2e édit., 1805. 1 vol. in-8o orné de 13 pl. (Exempl. broch. ou rel.) 5 50

Arbres fruitiers (*Traité des*), contenant leur figure, leur description, leur culture, etc., par Duhamel du Monceau, 1768. 2 vol. grand in-4o reliés, ornés de 181 planches gravées. 45 fr.

Arcure. — Formation des arbres fruitiers par l'arcure, par F. Simon. In-8o. 50 c.

Asperges. Culture en plein air, par Lhérault-Salboeuf. In-18. 50 c.

Asperges. Instruct. sur leur culture, par Louis Lhérault. In-18. 40 c.

Bon Jardinier (*Le*) pour 1871-72, par Poiteau, Vilmorin, Decaisne, Neumann, Pepin. 1 vol. in-12. 7 fr.

Bon Jardinier (*Figures de l'Almanach du*), par Decaisne, 22e éd., 632 grav. et 45 pl. 1 vol. in-12. 7 fr.

Botanique. — Traité général de botanique descriptive et analytique, par Le Maout et Decaisne. 1 fort vol. in-4o orné de 5,500 fig. 30 fr.

Boutures. (*Voir le* **Jardin fleuriste**, page 10.)

Cactées. — Monographie de la famille des cactées, suivie d'un traité complet de culture, etc., par Labouret. 1 vol. in-18. 7 50

Catalogue descriptif et raisonné des arbres fruitiers et d'ornement pour 1868, par André Leroy. In-8o. 1 fr.

Chasselas (*Culture du*), à Thomery, par Rose Charmeux. 1 vol. in-18 orné de 41 fig. 2 fr.

Concombre. — Culture forcée. *Voyez* **Melon**, page 13.

Conifères. — Traité général des conifères, ou description de toutes les espèces et variétés de ce genre aujourd'hui connues, avec leur synonymie, l'indication des procédés de culture et de multiplication qu'il convient de leur appliquer, par E.-A. Carrière. Nouvelle édit., 2 vol in-8o. 20 fr.

Cuisinière (*La*) **de la ville et de la campagne**, par L. E. A. 45e édit. 1 vol. in-18 cart., orné de 300 fig. 3 fr.

Culture maraîchère dans les petits jardins, par Courtois-Gérard. 4e édit. 1 vol. petit in-18 avec 15 grav. 1 fr.

Encyclopédie horticole, ouvrage contenant les principaux termes employés en botanique, en horticulture, en sylviculture et en agriculture; l'indication des divers procédés de culture et de multiplication des végétaux, le nom des insectes les plus préjudiciables à ces derniers, ainsi que les moyens de les combattre, par CARRIÈRE. 1 vol. in-18. 3 50

Entomologie horticole. Histoire des insectes nuisibles à l'horticulture, avec l'indication des moyens propres à les éloigner ou à les détruire, et l'histoire des insectes et autres animaux utiles aux cultures, par le docteur BOISDUVAL. 1 vol. in-8° orné de 125 figures. 6 fr.

Fécondation naturelle et artificielle des végétaux (*De la*) et de l'hybridation, par H. LECOQ. 2e édit. 1 vol. in-8° orné de 106 grav. 7 50

Fleurs coloriées (*Album de*) annuelles et vivaces, par VILMORIN-ANDRIEUX. 21 planches in-f° sont en vente. Chaque pl. avec texte. 4 fr.

Fleurs (*De la Culture des*) dans les appartements, sur les fenêtres et dans les petits jardins, par COURTOIS-GÉRARD, 4e édit. In-18. 1 fr.

Flore des serres et des jardins de l'Europe, description et figures des plantes les plus rares nouvellement introduites sur le continent ou en Angleterre, publiée par VAN HOUTTE.

Cet ouvrage paraît à des époques indéterminées, par cahiers grand in-8° composés de 9 planches coloriées et 32 pages de texte ornées de gravures sur bois.

Le tome 19 est en cours de publication.

PRIX DE LA SOUSCRIPTION AU VOLUME :
Paris, les départements, l'Algérie et la Corse................ 58 fr.
L'étranger, port en sus.

Flore élémentaire des jardins et des champs, avec des clefs analytiques conduisant promptement à la détermination des familles et des genres, etc., par LE MAOUT et DECAISNE. 2 vol. petit in-8°. 9 fr.

Flore médicale des Familles, ou description, culture et emploi des plantes médicinales, par EBRARD. 1 vol. in-8°. 1 50

Fruits. — Les meilleurs fruits par ordre de maturité; culture et soins qu'ils réclament, par P. DE MORTILLET. Silhouette et dessins des fruits, fleurs et noyaux, dessinés par l'auteur.
Tome I. le **Pêcher.** 1 vol. in 8°. 8 fr.
Tome II, le **Cerisier.** 1 vol. in 8°. 7 fr.
Tome III, le **Poirier.** 1 vol in-8°. 9 fr.
L'ouvrage complet se composera de six volumes.

Graines et Fruits. — Moyens de les grossir, de doubler les fleurs et d'en varier les proportions et la forme, par A. BARBIER. In-8°. 1 fr.

Greffes diverses. (*Voir le Jardin fleuriste*, page 10.)

Horticulteur praticien (*L'*). Revue de l'horticulture française et étrangère, par MM. GALEOTTI, FUNCK, comte DE LAMBERTYE, MORREN, etc. 1858 à 1862. 5 vol. gr. in-8° orn. de 120 pl. col. et de grav. dans le texte. 40 fr.

Jardin fruitier. — L'École du jardin fruitier, comprenant l'origine, le choix, la plantation, la transplantation des arbres; les pépinières, les greffes, la taille et les formes qu'on peut donner aux arbres fruitiers, etc., par DE LA BRETONNERIE, 1784 et autres dates. 2 vol. in-12 rel. ou broch. 6 fr.

Jardin fruitier du Muséum, ou iconographie de toutes les espèces et variétés d'arbres fruitiers cultivés dans cet établissement, avec leur description, leur histoire, leur synonymie, etc., par J. DECAISNE. Cet ouvrage paraît par livraisons in-4° de 4 planches supérieurement gravées et coloriées avec texte. La 110e livr. vient de paraître. Prix de la livr. 5 fr.

Jardinage (*La pratique du*), par Roger SCHABOL. 2 vol. in-12 reliés. (*Rare et recherché.*) 6 fr.

Jardinage (*La théorie du*), par l'abbé Roger Schabol. 1 vol. in-12 relié. (*Rare et recherché.*) 3 50

Jardinier illustré (*Le Nouveau*) pour 1872, par Lavallée, Neumann, Verlot, Courtois-Gérard, Burel, etc. 1 vol. in-18 orné de 500 fig. 7 fr.

Jardinier fruitier (*Le*). Principes simplifiés de la taille des arbres fruitiers, par E. Forney. 2 vol. in-8°, fig. 8 fr.

Jardinier solitaire (*Le*), ou Dialogues entre un curieux et un jardinier solitaire, contenant la méthode de faire et de cultiver un jardin fruitier et potager, etc., 1 vol. in-12 relié. (*Ancien et rare.*) 4 fr.

Jardins. — Manuel de l'amateur des jardins. Traité général d'horticulture, par Decaisne et Naudin. 4 vol. in-8°, ornés de 537 fig. dans le texte. 30 fr.

Jardins (*Traité de la composition et de l'ornement des*), avec 161 pl. représentant, en plus de 600 fig., des plans de jardins, des machines pour élever les eaux, etc. 6e édit. 2 vol. in-4° oblong. 25 fr.

Jardin potager (*L'Ecole du*), qui comprend la description des plantes potagères, les qualités de terre et les climats qui leur sont propres, etc.; la manière de dresser et conduire les couches, et d'élever des champignons en toutes saisons, par de Combles. 2 vol. in-12 reliés. (*Rare.*) 6 fr.

Légumes coloriés (*Album de*), par Vilmorin-Andrieux. 22 planches in-f° sont en vente. Chaque planche se vend séparément. 3 fr.

Melon et Concombre. — Leur culture forcée, par le comte de Lambertye. In-8°. 1 25

Oignons à fleurs coloriées (*Album d'*), par Vilmorin-Andrieux. 13 livraisons sont en vente. Chaque planche se vend séparément. 4 fr.

Parcs et Jardins. — Prix de règlement ou tarif des travaux de jardinage, de plantations, d'exploitat. des forêts, etc., par Lecoq. Gr. in-8°. 3 fr.

Pêcher en espalier carré (*Pratique raisonnée de la taille du*), par Al. Lepère. 5e édit. 1 vol. in-8° avec 8 planches. 4 fr.

Pensée (*La*), la **Violette**, l'**Auricule** ou Oreille-d'Ours, la **Primevère**. Histoire et culture, par Ragonot-Godefroy. In-18, fig. col. 2 fr.

Plantes, Arbres et Arbustes (*Manuel général des*). Description et culture de 25,000 plantes indigènes d'Europe ou cultivées dans les serres; par Hérincq, Jacques et Duchartre. 4 vol. petit in-8°. 36 fr.

Plantes de serre. — Traité théorique et pratique de la culture de toutes les plantes qui demandent un abri, par de Puydt. 2 vol, in-18. 6 fr.

Plantes de terre de bruyère. — Description, histoire et culture des rhododendrons, azalées, camellias, bruyères, épacris, etc., par E. André. 1 vol. in-18 orné de 30 fig. 3 50

Pomologie — Dictionnaire de Pomologie, contenant l'histoire, la description, la figure au trait des fruits anciens et modernes les plus généralement connus et cultivés, par André Leroy, pépiniériste. — La série des *Poires*, 2 vol. grand in-8°. 20 fr.

Pomone française (*La*). Traité de la culture et de la taille des arbres fruitiers suivi d'un traité de Physiologie végétale, par le comte Lelieur, 3e et dernière édition, *très-rare*. 1 vol. in-8°, orné de 15 planches gravées. 12 fr.

Poirier (*Taille du*) et du **Pommier** en fuseau, par Choppin. 1 vol. in-8°, fig., 3e édition. 3 fr.

Potager moderne (*Le*). Traité complet de la culture des légumes, par Gressent, 2e édit. 1 vol. in-18 avec fig. dans le texte. 6 fr.
Ouvrage couronné par la Société impériale d'horticulture.

Rosier. — La taille du rosier, sa culture, ses belles variétés, par E. Forney. 1 vol. in-18 orné de 52 fig. 2 fr.

Rosier, culture, multiplication. (*Voir le* **Jardin fleuriste**.)

NOUVEAU TRAITÉ

DES

CHASSES A COURRE ET A TIR

PAR

Le Baron DE LAGE DE CHAILLOU

Commandeur de la Légion d'honneur

A. DE LA RUE, Inspecteur des forêts de la Couronne

Chevalier de la Légion d'honneur

Le Marquis DE CHERVILLE

2 volumes in-8° avec figures dans le texte, par Ch. Jacque, Pizetta, Yan d'Argent, etc. Prix : 20 francs.

Le même, imprimé sur papier de Hollande, 40 francs.

Il n'en a été tiré que 50 exemplaires.

Encyclopédie illustrée du Sportsman.

Alouette. — De la chasse de l'alouette au miroir avec le fusil, par Nérée Quépat. 1 vol. in-18 orné de grav.   1 50

Bécasse. — Le Chasseur à la bécasse, par Polet de Faveaux (Sylvain). 1 vol. in-18 orné de 35 figures dans le texte.   3 50

Chasse. — Soixante années de chasse. Pratique de la chasse, par J.-A. Clamart, 2e édit 1 vol. in-18, figures de Ch. Jacque, Pizetta, Yan d'Argent, etc.   3 50

Chasseurs. — Conseils aux chasseurs. Manière de peupler et d'entretenir une chasse de menu gibier ; élevage du gibier, etc., par Bemelmans, 1 vol. in-18 avec figures par Pizetta, etc.   3 50

Chasseur infaillible. — Le chasseur infaillible ; Guide complet du sportsman, contenant l'usage du fusil, le tir, le vol des oiseaux, le dressage des chiens, par Marksman, traduit de l'anglais sur la 3e édition par Ch. Kerdoel, augmenté d'un appendice sur le tir de la caille, des oiseaux de marais et du gibier de mer. 1 vol. in-18, fig.   3 50

Chevaux. — Conseils aux acheteurs de chevaux, ou Traité de la conformation extérieure du cheval à l'état de santé ou de maladie, avec de nombreuses instructions pour l'appréciation, avant la vente, des vices, défauts, affections, etc., suivi de la loi sur les vices rédhibitoires et la garantie du vendeur, par John Stewart, traduit de l'anglais par le baron d'Hanens. 1 vol. in-18, fig.   3 50

Chevaux. — Conseils aux éleveurs de chevaux, par Charles du Hays. 1 vol. in-18, fig.   3 50

Chien de chasse (*Du*). Chiens d'arrêt, espèces et variétés, élevage, hygiène, nourriture, maladies, éducation, dressage, par les auteurs du

Nouveau Traité des chasses à courre et à tir. 1 vol. in-18 avec fig.,
dessinées par Pizetta, etc.   2 50
  Le même, imprimé sur papier vergé.   5 fr.
  Il n'en a été tiré que 50 exemplaires.
  Chien de chasse (*Du*). Chiens courants, espèces et variétés, élevage,
hygiène, nourriture, maladies, éducation, dressage, par les auteurs du
Nouveau Traité des chasses à courre et à tir. 1 vol. in-18 avec fig. et un
plan de chenil chromo-lithographié.   3 50
  Le même, imprimé sur papier vergé.   7 fr.
  Il n'en a été tiré que 50 exemplaires.
  Ces deux ouvrages sont extraits en partie du *Nouveau Traité des chasses à
courre et à tir*.
  Coq de bruyère (*La chasse au*). Histoire naturelle, mœurs, lieux
habités par ces oiseaux. L'art de les chercher, de les tirer, de les élever
en volière, par Léon de Thier. 1 vol. in-18 avec fig.   2 50
  Écurie. — Économie de l'Écurie. Traité de l'entretien et du traitement des chevaux (écurie, pansage, nourriture, boisson, travail), par
John Stewart, traduit de l'anglais sur la 7e édition par le baron d'Hanens. 1 vol. in-18.   3 50
  Ferrure du cheval (*La*). Organisation, maladies et hygiène du pied,
par L. Govau, professeur d'hippologie à l'Ecole Saint-Cyr. 1 vol. in-18,
orné de 88 fig.   3 50

Cailles, Perdrix, Colins ou Cailles d'Amérique. Guide pratique pour
les élever, etc., par Allary. Edition augmentée d'un chapitre sur l'*Incubation artificielle*, par A. Leroy. 1 vol. in-18. Fig.   1 50
  Chasse. Carnet de chasse. in-18 oblong, joli cartonnage, toile angl. 2 50
  Chevreuil. — Les déduits de la chasse du chevreuil, par Bellier de
Villiers. 1 vol. in-4° orné de planches.   40 fr.
  Chien (*Le*). Histoire naturelle, races d'utilité et d'agrément; reproduction, éducation, hygiène, maladies, législation, par Gayot. 1 vol.
in-8° et atlas de 67 planches.   12 fr.
  Chiens. — Les maladies des chiens et leur traitement, par Hertwig.
2e édit. 1 vol. in-18.   3 50
  Faisans, Canards mandarins, Cygnes, etc. Guide pratique pour les
élever, par Arthur Legrand. 1 vol. in-18 avec fig.   2 fr.
  Oiseaux de volière (*Manuel de l'amateur des*), ou Instruction pour
connaître, élever, conserver et guérir toutes les espèces d'oiseaux que
l'on aime à garder en volière ou dans la chambre, par Bechstein. *Nouvelle édition*. 1 vol. in-18. orné de fig. dans le texte.   3 50
  Oiseaux de volière (*Petits*). *Cacatois, Aras, Perroquets, Perru-
ches* et autres passereaux exotiques. Conservation, reproduction, par
A. Mercier, ancien inspecteur du Jardin d'acclimatation. 1 vol. petit
in-18.   1 50
  Piqueurs, cochers, grooms et palefreniers (*Manuel des*), à l'usage
des écoles de dressage et d'équitation de France, par le comte de Mon-
tigny. 2e édition. 1 vol. in-18 orné de planches.   5 fr.
  Rossignols. Manuel sur l'art de prendre vivants et d'élever les rossignols, par Conort. 1838. In-18.   2 50
  Venerie (*La*) **de Iacqves dv Fovillovx,** seignevr dvdit lieu, gentil-
homme du pays de Gastine en Poictov, dédié av Roy. De nouueau reueüe,
augmentée de la méthode pour dresser et faire voler les oyseaux, par
M. de Boisoudan, précédée de la biographie de Jacques du Fouilloux, par
M. Pressac. 1 vol. in-4° orné de nombr. grav. et de lettres ornées. 15 fr.

Evreux, A. Hérissey, imprimeur.— 272.

DE L'ÉDUCATION

DU

LAPIN DOMESTIQUE

DE L'ÉDUCATION

DU

LAPIN DOMESTIQUE

PAR

ALEXIS ESPANET

—————

5ᵉ Édition revue et augmentée.

PARIS

LIBRAIRIE CENTRALE D'AGRICULTURE ET DE JARDINAGE

Rue des Écoles, 62 (ancien 82), près le Musée de Cluny

— **Auguste GOIN**, éditeur —

PRÉFACE

En publiant la série de *petits traités* dont celui-ci fait partie, nous avons voulu montrer tout l'avantage que les fermiers, les grands et petits propriétaires, les pauvres gens eux-mêmes, pouvaient tirer de l'éducation des petits animaux de basse-cour. On doit constater qu'ils deviennent un objet de sollicitude générale ; et les *expositions des animaux de basse-cour*, qui se multiplient, indiquent la tendance de notre époque à en favoriser l'éducation. Dans l'une de ces expositions, on a été jusqu'à dire aux fermiers, ce que nous disons depuis longtemps, que leurs basses-cours devraient payer leurs fermes.

Mais, tandis que plusieurs journaux analysaient ces petits traités, certains auteurs les exploitaient. L'un d'eux, même, en nous empruntant une foule de passages importants, a eu grand soin de taire notre nom et le nom de notre éditeur ; en revanche, il nous accorde des éloges, mais de ces éloges qu'on a l'habitude de donner aux auteurs passés de vie à trépas, comme pour faire entendre que nous ne pouvions plus continuer notre œuvre. Ingénieuse méthode de substitution.

Nous avons fait à cette cinquième édition quelques additions importantes qui seront remarquées. Elles sont le fruit de nos observations et des soins que nous donnons à cette œuvre, comme diversion à nos occupations professionnelles. A d'autres les spectacles, les voyages, les divertissements tumultueux. Pour nous, nous n'aimons que les distractions tranquilles et utiles; nous ne craignons pas le blâme des esprits frivoles.

DE L'ÉDUCATION

DU

LAPIN DOMESTIQUE

CHAPITRE PREMIER

UTILITÉ DE L'ÉDUCATION DU LAPIN

La question de l'éducation du lapin domestique est jugée, et nous nous applaudissons d'avoir été des premiers à nous en occuper.

Un ancien magistrat nous écrivait en 1855 : « Votre livre est d'une grande utilité; il fait du bien et contribue à l'extinction de la misère plus que beaucoup de théories savantes. »

Tout récemment un officier général, livré aux soins de l'agriculture et désireux d'opérer le bien autour de lui, nous écrivait aussi : « J'ai besoin de vos conseils maintenant pour engraisser mes lapins; ils sont la providence des tables pauvres : ils seront la variété de celles qui se montrent encore aujourd'hui dédaigneuses. »

La question s'est étendue. Il ne s'agit plus seulement de produire, il faut améliorer, non les races, mais les individus; il faut que le lapin fournisse une chair plus abondante, plus animalisée, plus restaurante et plus savoureuse. C'est un sujet qui nous occupera spécialement.

On ne vend en général, sur les marchés, que des lapins de deux à cinq mois, c'est-à-dire, des lapins dont la chair n'a pas la consistance de l'animal adulte, une viande non suffisamment animalisée, et par conséquent moins nutritive. De plus, à cet âge, avant que le lapin ait acquis tout son développement organique, il ne peut pas être gras ni assez replet. Il est essentiel, au point de vue de l'hygiène et du profit de l'acheteur, que les marchés ne s'approvisionnent que de lapins *faits*, d'environ sept mois.

Du reste, encore ici, l'avantage du producteur se trouve d'accord avec l'intérêt du consommateur. Que les éleveurs veuillent bien faire attention que s'ils écoulent les lapins encore trop jeunes, de trois à cinq mois, ils économisent, il est vrai, trois à quatre mois de nourriture; mais cette économie est fausse et le calcul est mauvais pour deux raisons. D'abord, le lapin à cet âge se vend 50 à 80 centimes et même 1 franc de moins; ensuite on se met en retard pour les nichées; car on ne les obtient pas toujours aussi exactement ni aussi abondamment qu'on le désirerait. En effet, l'on a souvent besoin, pour avoir un plus grand nombre de nichées, de faire porter les lapines avant de les mettre à l'engrais, et la plupart peuvent nicher à six mois; la plupart aussi s'engraissent mieux.

Plusieurs personnes, ayant voulu procéder à l'éducation du lapin sur une vaste échelle, n'ont pas toujours réussi à leur gré. Il faut savoir que, du moment que l'homme se substitue à la Providence pour exagérer à son profit une production quelconque, il doit multiplier ses soins et sa surveillance; son action doit être plus directe sous peine de manquer son but. Pour les animaux, il doit obvier aux inconvénients de l'encombrement, aux infections, résultat des miasmes accumulés. Tandis que le moindre recoin suffit à deux ou trois lapins, il faut pour un plus grand nombre, un local aéré et une plus grande propreté, un renouvellement plus fréquent des litières. On trouvera tous ces détails dans ce petit livre.

Oui, le lapin apporte l'aisance dans les familles pauvres et procure des bénéfices certains à l'éleveur; et les résultats sont toujours en raison directe des soins. Nous ajouterons que l'établissement des lignes de chemin de fer tend à exhausser les prix de vente du lapin en les égalisant dans les diverses contrées, par la facilité des transports. Cependant il règne partout encore une déplorable routine, contre laquelle, éleveurs et consommateurs doivent réagir sur les divers marchés : c'est qu'on achète les lapins sans regarder à leur embonpoint réel, à la bonne qualité et à l'abondance de leur chair. Un lapin au poil maladif, au ventre développé, s'il est un peu plus gros ou de quelques centimes meilleur marché, sera préféré à celui dont les chairs sont plus abondantes et plus fermes, et dont le ventre est réduit par un régime meilleur. C'est un inconvénient égal pour l'acheteur et pour le vendeur; il disparaîtra par l'extension de l'éducation de ces précieux animaux.

Qu'on nous pardonne encore quelques mots. Il n'y a pas de petites choses dans la nature; il n'y a rien qui ne soit digne de notre attention.

Tous les jours, parmi le peuple, des pères, des mères

pauvres agitent ces questions : « Mettrons-nous notre fille en condition? l'enverrons-nous à la fabrique? Notre petit ne serait-il pas en âge d'être garçon de ferme, d'aller gagner quelques sous chez un tel? » Mes amis, que voulez-vous faire? Votre enfant, votre fille n'a que douze ou quinze ans, et c'est au moment où il a le plus besoin de vous que vous pensez à vous séparer d'un enfant. Restez avec lui, vous gagnerez tout en le gardant; et il soignera vos lapins. Les riches ne mourront pas de faim parce que votre fille n'ira pas leur faire la cuisine; la fabrique s'en passera de même; votre petit, quand il sera plus grand et dans l'âge des grands travaux, n'en trouvera que mieux de quoi s'occuper. Tous deux n'auront pas usé leur santé à des travaux malsains ou trop précoces; ils auront soigneusement conservé les principes de morale que vous leur avez inculqués, et ils feront le bonheur de vos vieux jours.

C'est donc avec raison que nous nous adressons à tout le monde, et surtout aux gens moins fortunés, en traitant de l'éducation du lapin. Nous disons simplement ce que nous avons vu et lu dans le livre de la nature : les aptitudes, les fonctions du lapin dans toutes les phases de son existence; et nous apportons à ce *Traité* des données de physiologie et d'économie domestique, dont les applications ne peuvent que le rendre plus pratique.

Le lapin semble créé pour les classes les plus modestes de la société. La Providence, admirable surtout dans les petites choses : *maximè miranda in minimis,* comme dit Pline, l'a destiné aux petits. Tandis que l'industriel, l'élevant sur une grande échelle, sèmera et récoltera pour ses lapins, le fermier pauvre et le petit propriétaire, s'appliqueront aussi à cultiver pour leur clapier quelque mauvais coin de terre en friche; mais le pauvre prolétaire, avec quoi le nourrira-t-il? Pour lui les ronces et les épines de la terre se changeront en bénédiction; il ira, le long des chemins et des terres stériles et délaissées, cueillir les chardons, les ronces et épines dont il nourrira, dont il engraissera son menu bétail de lapins. Il aura surtout grand soin du fumier, qu'il échangera avec le propriétaire contre un peu de son ou d'avoine, et l'industrie rurale y gagnera tout ce que les éleveurs perdront de gêne et de pauvreté.

Mais, dira-t-on, si tout le monde élève des lapins, où sera le débit, et par conséquent le profit?

D'abord, tout le monde ne pourra pas élever des lapins, parce que le plus grand nombre préférera se livrer à une autre industrie, remplir son emploi, etc.; et tout le monde ne voudra pas en élever, parce que les hommes ne tombent jamais d'accord sur une même idée, un même projet : *tot capita, tot sensus,* ce qui veut dire que tous les hommes n'ont pas la tête sous le même bonnet.

D'ailleurs, le lapin élevé dans un plus grand nombre de localités, et par un plus grand nombre de personnes, doit être le supplément indispensable du gros bétail.

La viande de boucherie devenant de plus en plus coûteuse, celle de lapin est la seule qui, en abondant sur les marchés, puisse lui faire une heureuse concurrence. Elle présente un aliment salubre et une ressource précieuse aux petits ménages, aux ouvriers, aux colléges, aux communautés, aux riches eux-mêmes, car ils rechercheront des lapins à chair délicate et savoureuse, tels que peuvent les obtenir les éleveurs grands et petits, s'ils veulent bien leur donner quelques-uns des

soins que l'on donne à la poule de Bresse, du Mans;
— aux oies de Toulouse, — aux canards de Montau-
ban, etc.

Nous ne nous livrerons pas ici à des calculs pour
appuyer notre thèse. Les prix d'achat et de vente des
lapins et des matières alimentaires sont trop variables
dans les diverses régions pour servir de base à des éva-
luations précises.

Cependant, nous avons établi quelques chiffres au
chapitre XII. Affirmons seulement ici que tout le monde
doit gagner à l'éducation de ce petit animal aussi sobre
que fécond. On pourra même abaisser le chiffre du
prix du lapin sans nuire réellement à l'éleveur, dont le
débouché n'en deviendra que plus facile, tandis qu'on
favorisera étonnamment le consommateur pauvre, qui
trouvera certainement son avantage dans cet aliment.

Indépendamment de son prix modique, la viande de
lapin est une des plus saines; elle contient une proportion considérable d'osmazôme ou principe actif de la
fibrine. C'est à ce principe que la chair des animaux
doit ses principales propriétés nutritives. Un lapin, d'ailleurs, se prête à tous les ragoûts et offre, par son mé-
lange à des légumes, un repas aussi abondant qu'économique à toute une nombreuse famille.

Mieux nourri, engraissé, le lapin augmentera de prix,
mais il fera plus de profit. Il est et sera de toute manière une nourriture, non-seulement économique, mais
saine et vraiment restaurante.

De son côté, l'éleveur en retirera toujours à peu près
le même bénéfice; on peut le fixer à 50 fr. par lapine
et par an, et il aura le mérite de tenir compte de l'in-

térêt d'autrui, tout en soignant le sien : c'est là, sans contredit, le commerce le plus honorable.

Ceux qui craindraient de n'avoir pas de débouché pour leurs lapins n'ont qu'à faire attention que les marchés ont peine à s'en approvisionner : fournissez-en à meilleur marché, vous serez toujours bien venu : bien plus, vous aurez fait une bonne action en faveur des pauvres, en faveur même des riches, qui consommeront désormais volontiers vos plus beaux élèves.

CHAPITRE II

HISTORIQUE — CRITIQUE — VARIÉTÉS DE LAPINS

Pline, Buffon et tous les naturalistes ont parlé du lapin, mais sans applications pratiques. Desmarets, Luneau de Boisgermain et Rédarès en ont recommandé l'éducation; mais leurs recommandations ont eu peu de retentissement.

Quelques brochures, peu sérieuses à la vérité, mais plus répandues, excitèrent le zèle de quelques éleveurs. Les bénéfices exagérés que l'on annonçait ne se réalisant pas, plusieurs se découragèrent.

Aujourd'hui, mieux entendue, cette éducation est plus généralement acceptée et plus utilement pratiquée.

De tous les animaux domestiques, le lapin est celui qui a le moins subi l'influence des soins de l'homme, peut-être parce que ces soins ne lui ont pas été accordés avec la même assiduité qu'ils l'ont été, par exemple, au chien, aux poules, etc. Cependant, quand la chair du lapin ne serait point encore recherchée par les gourmets, elle n'en est pas moins recommandable aux classes pauvres et aux éleveurs. Mais il est certain qu'elle acquiert un goût très-délicat par l'engraissement et par le choix d'aliments féculents et aromatiques; nous en parlerons d'une manière toute spéciale.

Nous consacrerons à la fin de ce livre un chapitre aux croisements et au fameux *léporide* dont on a tant parlé.

Quant à nos variétés de lapins, on ne peut mettre en doute qu'elles ne proviennent du lapin sauvage originaire d'Espagne, ou plutôt d'Europe.

Chacun connaît ses principaux caractères. Chaque couple a son terrier. La femelle en creuse un à part pour y déposer les petits qu'elle porte. Là, elle met en œuvre tout le talent d'un mineur, et toute la sollicitude d'une mère. Ainsi, elle fait choix d'un tertre marneux ou composé de terre friable, facile à percer et assez solide pour qu'elle n'ait pas d'éboulement à redouter; puis elle y charrie de la paille, du foin, et enfin, elle s'arrache des poils du ventre pour envelopper ses petits. Sa nichée sera donc à l'abri de l'inondation, des accidents de terrain et du froid; mais il faut qu'elle la ravisse aux persécutions du mâle, dont l'ardeur est telle, qu'il cherche à détruire les petits tant que leur mère le fuit, et celle-ci ne s'en rapproche que lorsque les petits commencent à sortir du nid, c'est-à-dire, vers le quinzième jour. Dès ce moment, le mâle peut trouver le terrier de sa famille, il ne lui nuira plus; aussi, la femelle cesse-t-elle de prendre les précautions dont elle s'entourait pour s'y rendre en cachette, le matin et le soir seulement, afin d'allaiter ses petits. Elle ne fait plus de contre-marche, elle ne dissimule même plus l'entrée du nid, elle ne la bouche plus avec de la terre, qu'elle foulait même avec ses pattes, et sur laquelle elle déposait ses crottins. Bientôt les petits sont assez forts, ils vont chercher pâture; le père finit par les chasser, ils abandonnent le lieu qui les a vus naître.

C'est, autant qu'on peut en juger, vers l'âge de six mois que les petits, devenus adultes, se recherchent et s'accouplent. Mais, avant cette époque, leur ardeur naturelle les a forcés à l'expatriation ; ils s'éloignent et se creusent un terrier à part, où le mâle et sa compagne jettent les fondements d'une famille nouvelle. On en trouve cependant qui, contents du buisson, ou du talus dans lequel se trouve le gîte paternel, y demeurent en y creusant un autre terrier.

Aucun chasseur n'ignore les habitudes des lapins sauvages. Le matin au point du jour et le soir au clair de la lune, on est sûr de les trouver hors de leurs souterrains et vagabondant dans les plus fins pâturages de l'endroit, *fig.* 1 ; une fois le soleil sur l'horizon, ils en disparaissent, et souvent bien plutôt pour éviter de fortes rosées; alors on ne les revoit plus que dans le milieu du jour et en plein soleil, sous l'ombre légère de la bruyère ou du romarin. Couchés négligemment sur la pelouse à moitié sèche, ils sommeillent en grignotant quelque brin d'herbe, et toujours prêts à décamper au moindre bruit insolite.

Le lapin n'est pas toujours aussi innocent. On se plaint souvent des dégâts qu'il occasionne dans les champs où il se multiplie avec excès. Et le mal n'est pas

nouveau. Mais c'est moins à la multiplication des lapins qu'il faut s'en prendre, qu'à la guerre que l'on fait

Fig. 1. — Lapins sous bois.

aux renards, aux loups et aux animaux qui s'en nourrissent, et dont on finit par dépeupler certaines contrées
où les lapins pullulent alors en toute liberté.

Voici ce que nous lisons dans *la Vénerie de Jacques
du Fouilloux*, in-4°, 1635, au chapitre consacré à la
chasse du *connin* (lapin) : « Ce petit bestial de grande
« nuisance... De faict Strabon narre, au 3ᵉ livre de sa
« géographie, que les habitants des îles Gymnasies (Ba-
« léares) furent contrains d'envoyer ès Romains leurs
« ambassades, pour requérir qu'ils leurs baillassent
« terres où ils peussent ailleurs habiter, chassez par la
« grande abondance de connins, qui mangeoient tout

« ce qu'ils pouvoient planter et semer en leurs terres
« gymnesiennes. Et Pline récite que, du temps de l'em-
« pereur César-Auguste, les habitants de Majorque en-
« voyèrent à Rome demander secours d'armes pour
« combattre les connins leur faisant guerre mortelle. »

Tout l'instinct du lapin est un instinct de fuite; il n'a
point d'odorat (1), mais en revanche une ouïe très-fine
et de bonnes jambes. D'ailleurs, vrai Sybarite des bois,
il passe son temps à manger et à dormir, soit dans son
gîte, soit au soleil. Mais le lapin des champs peut-il
vivre un moment tranquille au milieu de tant d'ennemis qui le guettent? Dès lors, son insouciance n'est
qu'un contre-poids à sa timidité. Le sentier qu'il a par-
couru la veille, il le parcourra demain, après-demain
et toujours : c'est un routinier renforcé; sans cela et
sans son amour pour ses aises, il ne serait pas aussi
accessible aux chasseurs.

On dit que le lapin sauvage vit huit à dix ans ; nous
ne connaissons l'extrait de naissance d'aucun d'eux ;
mais sept à huit ans, c'est la durée de la vie d'un lapin
domestique, et cela nous suffit. On peut cependant
croire, avec raison, qu'il existe une différence en plus
pour le lapin domestique devenu beaucoup plus gros,
et dont la constitution a été considérablement modifiée
par le régime sédentaire et par son heureux esclavage.
Exempts des dangers et des troubles qui agitent la vie

---

(1) Il n'a point d'odorat, c'est-à-dire fort peu, et il lui sert peu d'habitude.
Le lapin se dirige par le tact. L'organe du tact, chez le lapin, c'est le museau
et les babines. Il les applique délicatement à tout pour juger avant d'agir. On
a voulu critiquer notre assertion; l'auteur de la critique n'a qu'à observer bien
et longtemps comme nous l'avons fait, et il sera de notre avis.

de leurs confrères des bois, pourvus abondamment de tout ce qui leur est nécessaire, il ne serait pas impossible que les lapins domestiques vécussent un peu plus longtemps que les autres.

Mais il est une qualité qui les rend beaucoup plus précieux qu'on ne le croit généralement : c'est la fécondité. Non-seulement la femelle privée fait à peu près trois fois plus de petits que la sauvage, mais encore elle fait trois et quatre nichées de plus par an. Il appartient à l'homme de diriger cette prodigieuse fécondité, pour en tirer tout le parti possible : c'est le but principal que nous nous proposons dans ce livre.

On connaît bon nombre de variétés de lapins, mais la plupart se réduisent à des différences de couleur et de poids :

1° Le lapin gris commun ;

2° Le lapin gris fauve à poil de lièvre ;

3° Le lapin gris commun à oreilles tombantes ;

4° Le lapin gris fauve à poil de lièvre et oreilles tombantes ;

5° Le lapin bigarré, blanc et gris ;

6° Le lapin bigarré, blanc et noir ;

7° Le lapin bigarré à oreilles tombantes ;

8° Le lapin blanc à yeux rouges, ou albinos ;

9° Le lapin albinos à oreilles tombantes ;

10° Le lapin noir ;

11° Le lapin rouge ;

12° Le lapin rouge à oreilles tombantes ;

13° Le lapin rouge d'Afrique à cou pelé ;

14° Le lapin bleu, dit belge, ou plutôt lapin du Rhin ;

15° Le lapin bleu à oreilles tombantes ;

16° Le lapin bélier gris ;

17° Le lapin bélier blanc.

Toutes ces variétés sont de même grosseur, et, à l'exception du bleu et du rouge d'Afrique, elles sont les plus répandues.

18° Le lapin argenté, *fig.* 2, dont il existe deux ou trois variétés.

Fig. 2. — Lapin argenté.

Les Anglais, qui se sont appliqués à l'amélioration des lapins comme de tous les animaux destinés à la table, ont, par les soins et le genre d'alimentation, créé avec le lapin argenté une variété de table qu'ils nomment lapin *double-Smuth*, *fig.* 3.

19° Le lapin chinois, *fig.* 4, blanc avec le bout du nez et des oreilles noir;

20° Le lapin andalous, noir, à tête blanche;

21° Le lapin de Sibérie, blanc;

22° Le lapin de Sibérie, blanc, à pattes grises et oreilles tombantes.

Fig. 3. — Lapin double-Smuth.

Ces variétés, plus rares, n'ont rien qui les recommande spécialement.

Fig. 4. — Lapin chinois.

23° Le lapin dixain, qui ne fait jamais moins de dix petits : il est gris fauve, et d'une grosseur remarquable;

24° Le lapin rouennais, gris, deux fois plus gros que le lapin commun, très-fécond, mais très-fantasque;

25° Le lapin d'Italie, gris, aussi gros que le rouennais mais moins allongé, et plus régulièrement fécond.

Ces variétés doivent être l'objet des soins de l'éleveur s'il veut en tirer grand profit.

Fig. 5. — Lapin angora blanc.

26° Le lapin cachemire ou angora blanc, *fig.* 5;
27°   —   —   —   chamois;
28°   —   —   —   bleu;
29°   —   —   —   gris;
30°   —   —   —   chinois avec le
bout du museau et des oreilles noir.

Nous nous bornerons aux lapins qu'on élève seulement pour la table, et nous ne dirons, vers la fin, que quelques mots de ceux qu'on élève pour le poil, ce qu'il faut pour permettre à chacun de se livrer à cette industrie.

Une remarque importante à faire sur le lapin, c'est que les hases ou lapines qui appartiennent aux plus belles variétés sont aussi celles qui font éprouver le plus de pertes. Chez elles, des mères laissent mourir d'inanition des nichées entières. On y observe encore fréquemment cette aberration d'instinct qui consiste à ne pas s'arracher le poil du ventre pour achever leur nid, ou à se l'arracher après qu'elles ont mis bas. Quelques-unes vont même jusqu'à laisser plusieurs petits hors du nid et dans le fumier. Ces défauts ne sont pas tellement constants, que l'on ne trouve chez elles d'excellentes mères, et nous devons ajouter des plus fécondes ; ainsi, nous en avons eu plusieurs qui ne faisaient jamais moins de quinze petits quatre et cinq fois par an, et qui les nourrissaient parfaitement.

Ceux qui veulent procéder à l'élevage du lapin sur une grande échelle peuvent seuls se donner le luxe de posséder toutes les variétés, mais le profit leur viendra surtout des variétés communes. L'espèce à longues oreilles, au poil entièrement gris, au long corsage et du poids moyen de 3 kilogrammes, est sans contredit l'espèce la plus saine, la plus vivace et la plus constamment féconde.

CHAPITRE III

ORGANISATION D'UNE GARENNE DOMESTIQUE

Pour l'emplacement d'une garenne, d'un clapier, d'un établissement quelconque destiné à la production du lapin, comme pour toute basse-cour, il faut choisir une bonne exposition : celle au levant est la meilleure. Le lieu doit être sec, et le sol sablonneux ou marneux et non argileux et humide.

§ 1ᵉʳ. ORGANISATION SPÉCIALE. — On peut choisir entre deux plans.

Le premier consiste à entourer une cour de bâtiments légers à charpente simple, et dont le revers unique déverserait les eaux de la toiture en dehors. Deux ailes seraient destinées aux femelles, chacune y aurait sa loge le long de l'un des murs. Vis-à-vis seraient celles des mâles, un pour chaque section de dix femelles. Chaque section comprendrait une lettre de l'alphabet, car il faut que chaque sujet ait son nom et numéro. Par exemple, pour la première section, le mâle s'appellerait Jeannot, et les femelles Abondine, Agoutine, etc. Pour la seconde section, le mâle aurait nom Sultan, et les femelles recevraient par ordre ceux de Babinette, Blanchette, etc. Pour la troisième, le mâle s'appellerait Brutus, et les femelles Celluline, Citérine, et ainsi de suite.

Entre les loges des mâles, il y aurait l'intervalle d'à peu près huit loges. Tous ces espaces libres pourraient être transformés en galerie ou grandes loges, au moyen d'un treillage. On y placerait, pendant environ un mois, les petits qui sortent du sevrage. Nous les désignerons sous le nom de *Transitins*. Ils seront mis à l'âge de trois mois dans les divisions plus avancées; car ils auront déjà passé un mois dans la division du sevrage, comme nous allons le dire. A cette époque on n'a plus rien à redouter pour leur vie; ils peuvent se passer de tout soin particulier.

Dans cet établissement on devrait installer les lapereaux sevrés, et les transitins dans deux petits appartements qui occuperaient des angles du bâtiment. Ces appartements, pour être plus sains, devraient avoir le sol un peu plus élevé que les autres, être aérés comme eux

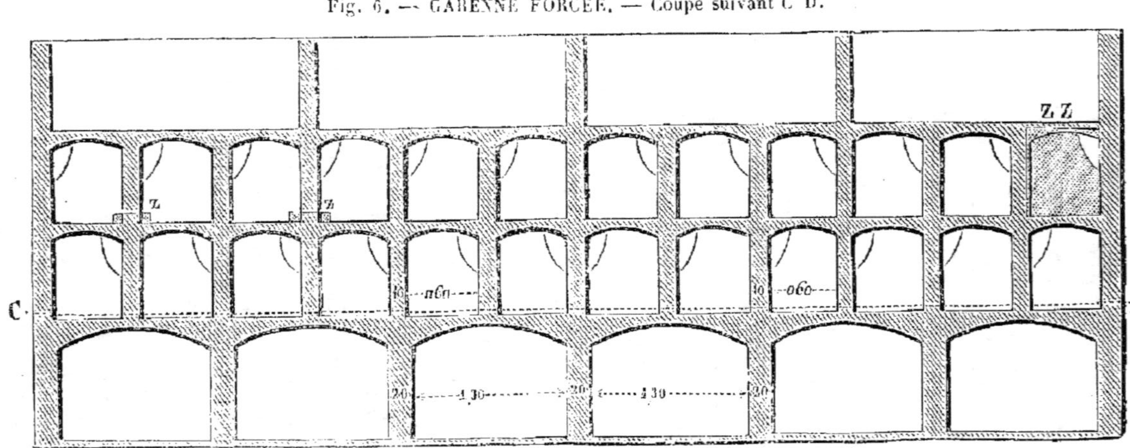

Fig. 6. — GARENNE FORCÉE. — Coupe suivant C D.

La toiture n'a pas été dessinée sur ce plan. On peut la faire comme on veut, avec un grenier à foin au-dessus de la garenne, si c'est utile.

Toutes les cases peuvent être un peu plus grandes si l'on veut. Les petites lettres z, z, placées dans l'intérieur des cases supérieures à gauche, indiquent des trous grillés destinés à donner de l'air par derrière. Ces trous sont très-importants. On peut les boucher en hiver. La fermeture des cases se fait en fil de fer; un carré grillé avec deux pitons ou gonds qui entrent dans d'autres fixés dans le mur de cloison, et qu'on y place en construisant, voyez Z Z. Le petit trait oblique de chaque loge, dans cette coupe perpendiculaire, représente le râtelier.

Les six cases, de 1 m. 30 cent. de largeur, sont ce que nous nommons des clubs. On y place six à sept femelles avec un mâle, que l'on y met le même jour. On en retire les femelles après vingt-cinq jours. Les pleines se placent dans les cases à nicher qui sont au-dessus, et où elles restent avec leurs petits pendant 30 ou 40 jours. Celles qui ne sont pas pleines, sont vendues ou mises à l'engrais.

Fig. 7. — Coupe suivant A B.

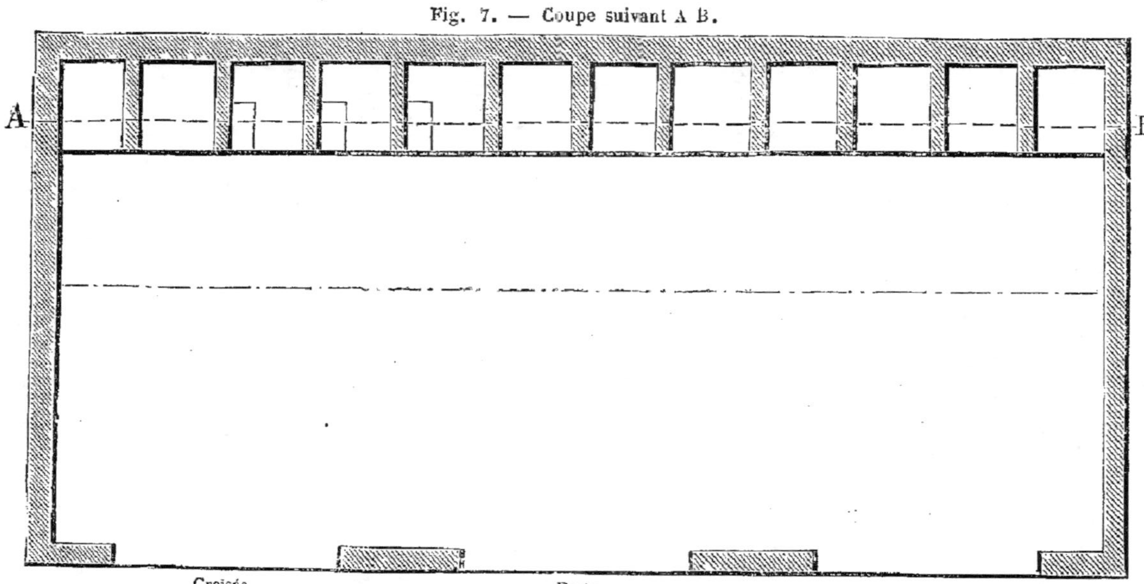

On peut ménager le long de ce mur, entre le sol et les croisées, 7 à 8 loges ou cases pour les mâles, 4 de chaque côté par exemple.

A la place de la ligne ponctuée placée au milieu du plan, on peut construire quatre compartiments pour mettre les *primins* (3 à 4 mois), les *secondins* (4 à 5 mois), les *tiercins* (5 à 6 mois), les *quartins* (6 à 7 mois). Les *quartins* sont séparés mâles et femelles; ils seront, après les six mois, vendus, engraissés ou mis aux clubs pour la reproduction.

Les petits carrés figurés dans trois loges, dans cette coupe horizontale, représentent les boîtes à nichées.

et munis chacun d'un calorifère, si la chaleur leur était nécessaire en hiver. De cette manière, les petits qu'on sépare de leurs mères pourraient recevoir les soins spéciaux qu'ils exigent, et n'éprouveraient aucun fâcheux accident pendant un mois environ qu'on les y retiendrait. Alors l'établissement ne se ressentirait point des rigueurs de l'hiver, qui retarde et diminue souvent les produits, lorsqu'on n'a pas d'appartements suffisamment chauds pour le sevrage. Voilà pour les deux premiers côtés des bâtiments.

Le troisième côté, divisé par compartiments au moyen de treillages et de grillages (1), contiendrait tous les lapereaux de trois mois et au-dessus, les primins, etc., suivant leur âge et leur sexe. Il y aurait, par exemple, quatre compartiments principaux, avec des treillages de un mètre au moins de hauteur, afin que les lapereaux ne puissent pas sauter par-dessus; il faut aussi que les lattes n'aient pas plus de 3 centimètres d'écartement, de crainte qu'ils ne se glissent à travers leurs intervalles.

Ces quatre compartiments seront partagés en deux, afin de séparer les lapereaux mâles des lapereaux femelles. Ainsi, ceux qui proviennent des *Transitins* passeront dans le compartiment des *Primins*, et ainsi de suite dans ceux des *Secondins*, des *Tiercins* et des *Quartins*, en réglant ces mutations de telle manière qu'aux *Quar-*

---

(1) Il est plus convenable de faire toutes les séparations avec de la toile métallique. On a l'avantage de voir d'un coup d'œil tout ce qui se passe dans une même salle ; et chaque loge, comme chaque compartiment, est bien mieux aérée.

tins, les lapereaux mâles et femelles, toujours séparés, aient atteint l'âge de six mois.

Dans un établissement un peu considérable, de cinquante lapines par exemple, on conçoit que des subdivisions dans chacun des compartiments deviendraient nécessaires, puisqu'il y aurait environ cent cinquante lapereaux dans chacun. On ne leur donne pas une seule fois à manger, on ne se présente pas une seule fois devant eux, sans que leur voracité ne les porte à venir en masse, les uns sur les autres, pour se disputer la nourriture ou se placer le plus favorablement pour la recevoir. Ces manœuvres tumultueuses sont très-nuisibles à leur santé et à leur belle venue. Il faut au moins atténuer ces inconvénients en les plaçant, par compagnies de trente ou quarante, dans autant de sous-divisions ou loges communes.

Le quatrième côté des bâtiments serait occupé par la division des *adultes*, c'est-à-dire des lapereaux qui auraient environ six mois. C'est de là qu'ils sont retirés pour la vente; c'est de là qu'on extrait les mâles pour les mettre à l'engrais; c'est là, enfin, que l'on prend les plus beaux sujets destinés à la production ou à l'agrandissement de l'établissement. Ces sujets forment ce que nous appelons la *réserve*. On les place dans deux loges assez spacieuses, destinées, l'une aux lapins, l'autre aux lapines, pour leur donner quelques soins particuliers, en attendant de les mettre dans l'appartement des mères ou des mâles.

Ces deux loges de réserve seront donc placées dans cette partie des bâtiments, ainsi que les loges des lapins à l'engrais. Il y aura aussi un lieu convenable pour exécuter les divers travaux de réparation et tout ce qui pourrait troubler le silence des salles. On y déposera les instruments nécessaires au nettoyage : brouettes, paniers, râteaux, fourches, pelles, balais, racloirs, etc., et les objets tels que : cases à nicher, petites mangeoires, râteliers, etc.

Le second plan, d'après lequel on pourrait diriger les constructions, consiste à élever d'environ 1 mètre au-dessus de terre les loges des mâles et des femelles. Le plancher en serait très-uni et incliné pour faciliter l'écoulement des urines. Le zinc ou des briques vernies y seraient plus propres que toute autre chose. Enfin, si l'on voulait une propreté parfaite, il faudrait y passer l'éponge deux fois par jour ; mais cette propreté ne serait pas aussi réelle qu'on pourrait le croire : les urines n'étant pas recouvertes par la litière, il s'en ferait une évaporation continuelle qui produirait beaucoup plus d'odeur que dans les loges où l'on en met.

D'ailleurs, le fumier est un bénéfice réel qui ne doit pas être négligé. Celui qu'on retire dans le courant de l'année d'un établissement de cinquante lapines suffit pour la culture de deux hectares de terre, dont le produit pourvoit à la nourriture des lapins. Pour cela, le fumier doit être enlevé deux fois par semaine en hiver, et trois fois en été ; on jette dans l'intervalle un peu de litière fraîche dans les loges, pour que leurs habitants soient toujours propres. Ces soins suffisent pour la salubrité de l'établissement ; ils suffisent même pour priver les salles de toute odeur, si l'on a la précaution d'y pratiquer, de distance en distance, des ouvertures de 15 à 30 centimètres de diamètre au niveau du sol. L'air se renouvelle ainsi, et les lapins eux-mêmes, à la surface du sol, ne respirent aucun miasme. Ces ouvertures sont

assez petites pour être facilement bouchées avec de la
paille quand il fait mauvais temps.

Lorsque la litière manque, on peut la remplacer par
de la marne, de la terre légère et sèche. Cette terre
s'imbibe parfaitement d'urine; elle devient un fumier
tout aussi bon que celui de litière. Nous préférons
même la terre marneuse pour litière, aujourd'hui que
la paille et autres substances de ce genre ont augmenté
de prix.

Un lapin transforme, par an, un quintal métrique de
paille en fumier, à dater du sevrage jusqu'à la vente,
et on pourrait facilement lui en faire transformer davantage. Qu'on juge de la quantité de paille ou de litière
quelconque, nécessaire à une garenne où se meuvent
dans l'année trois à quatre mille lapins! En ce cas, l'é-
leveur n'a qu'à calculer le prix de revient de la paille
et le prix de vente du fumier : il aura toujours avantage
à faire du fumier de litière s'il le vend; mais, s'il le
garde pour ses terres, nous croyons pouvoir lui conseil-
ler de se servir de terre ou de marne au lieu de paille ;
il fumera également bien et n'aura pas de frais de litière.
Ce système néanmoins ne conviendrait pas à toutes les
terres.

Dans le plan que nous exposons, on trouvera le plus
souvent utile de placer les loges au-dessus les unes des
autres contre le mur; on économise alors beaucoup
d'espace. Les loges ainsi superposées consistent en petites voûtes peu arquées, et formées de briques sur plat;
chaque voûte peut avoir de 1 à 2 mètres de long, sur
1 mètre de profondeur, et la solidité est parfaite. La
hauteur du compartiment formé par chaque voûte doit
être de 60 à 80 cent. (*Voir* le plan, *fig.* 6, à la page 24.)

2.

Nous conseillons les briques sur plat, de préférence au zinc, parce que les briques sont plus solides et que, le cintre étant à peine sensible, leur épaisseur revient à peu près à celle du zinc, qui doit être supporté tout au moins sur un cadre et des traverses. Enfin, les voûtes en briques sont aussi propres, et surtout plus durables.

Pour compléter l'établissement, pour lui donner du moins toutes les conditions de salubrité désirables, la moitié de la cour adjacente devrait être divisée par compartiments correspondant aux diverses divisions du sevrage, des transitins, des primins et des autres communs. Alors, l'on aurait comme autant de petites cours dans lesquelles on ferait sortir les lapereaux, par un trou pratiqué dans le mur, durant les belles journées. Les ébats qu'ils prennent au soleil, sur l'herbe, sont un des meilleurs stimulants qu'on puisse leur administrer, surtout quand ils sont faibles. Le son d'une cloche ou tout autre bruit perçant suffirait pour les faire rentrer, et ils s'y habituent facilement.

Dans l'autre moitié de la cour, on établirait de petits parcs portatifs, où l'on mettrait à tour de rôle les mâles, les femelles, les nichées, etc., pour brouter un peu d'herbe fraîche au soleil.

§. 2. — Organisation mixte. — On construit rarement pour les lapins : on craindrait de trop hasarder (1).

---

(1) A notre avis, le défaut de local, ou la crainte d'élever des bâtiments pour les lapins, est la principale cause de la négligence que l'on met à leur éducation. Juger de l'importance d'un objet par la place qu'il tient au soleil de ce monde, c'est une erreur, hélas ! bien commune.

Nous supposerons donc qu'on veuille utiliser les bâtiments d'une ferme abandonnée, d'une maison, etc. Ne parlons pas du grenier, dont l'utilité est incontestable, ni même de quelque espèce de cave pour la conservation des racines. Chaque appartement, indépendamment des croisées pour donner du jour, sera percé de plusieurs trous à fleur de terre pour faciliter le renouvellement de l'air. On placera devant les fenêtres, grandes et petites, et à toutes les ouvertures, un grillage assez serré pour s'opposer à l'introduction des rats, des belettes et autres animaux qui détruiraient les nichées. Pour le même motif, il faudra visiter les murs et le plafond, pour n'y pas laisser le plus petit trou.

On procédera ensuite à la construction des loges pour les femelles et les mâles, et des compartiments pour les lapereaux à venir. La loge d'une femelle doit avoir environ un demi-mètre de large sur un mètre de long, et près d'un mètre et demi de haut. Pour dix loges de lapines, il y aura une loge de mâle; elle devra être placée de manière qu'elle ne touche ni à la loge d'une femelle, ni à celle d'un autre mâle; c'est une précaution nécessaire pour obvier aux troubles qu'occasionnerait toute espèce de voisinage. Les loges ne sont pas fermées par le haut, la hauteur des côtés suffit pour empêcher les lapins d'en sortir. Les parois sont en planches en bas, ou mieux en treillage assez serré, jusqu'à la hauteur de 40 centimètres, pour empêcher les petits de sortir; car ils se glissent par le moindre trou dès qu'ils commencent à quitter leur nid. Le reste des parois, ainsi que le haut de la porte des loges, doit être en treillage ou en grillage assez large pour faciliter l'accès de l'air; car il faut que l'air se renouvelle incessamment : *Aer pabulum vitæ,* a dit Hippocrate ; c'est-à-dire que, sans air, on ne peut pas vivre.

Dans la construction des loges et dans la fermeture des portes et fenêtres, la toile métallique sera plus économique que le grillage fait à la main. On en trouve de toutes dimensions.

Toutes ces loges occuperont le pourtour d'un ou deux appartements, et le milieu en sera destiné à une galerie ou grande loge ; son treillage sera assez serré pour ne pas laisser passer un lapereau de quatre à six semaines, et séparé de tous côtés des loges latérales par une allée assez large, pour qu'on puisse en ouvrir facilement les portes et enlever le fumier. Cette loge commune ou galerie servira aux petits à mesure qu'on les séparera de leur mère ; elle sera divisée par compartiments de 1 à 2 mètres carrés, servant chacun à une vingtaine de petits.

On divisera un autre appartement en quatre compartiments, avec des treillages convenables ; chacun de ces compartiments sera subdivisé de la même manière, au moins en deux parties. Les lapereaux qui seront assez forts pour être tirés de la galerie du sevrage seront placés dans les compartiments de cette troisième salle. Mais, comme on devra les faire passer de l'un à l'autre, à mesure qu'ils grandiront, il faudra que ces compartiments soient graduellement plus spacieux, en commençant par le premier, qui reçoit les plus petits lapereaux. Enfin, on aura quelques recoins où l'on mettra les lapins à l'engrais, ceux que l'on réserve pour la production, etc.

Telle est la plus simple et la plus favorable organisation d'une garenne domestique : système cellulaire pour les mâles et les femelles, et divisions pour les lapereaux de divers âges. Ce système n'est pas neuf, on l'a appliqué aux cochons avec succès; et si, dans quelques localités, il ne répond pas aux espérances qu'on en avait conçues, c'est qu'il n'a pas été suivi avec exactitude. C'est par l'isolement que les animaux sont placés dans les meilleures conditions de paix et de prospérité : ils mangent tranquillement leurs rations sans qu'un compagnon turbulent ou vorace vienne les leur disputer à chaque repas; ils dorment et reposent à l'aise sans inquiétude e' sans trouble. Mais on peut affirmer qu'aucun anima. n'en a plus besoin que le lapin à l'état de domesticité. Son amour pour ses aises en fait, malgré son insouciance, un égoïste déterminé, toujours prêt à se battre quand il est parvenu à l'âge où il peut discerner le sexe des autres lapereaux, ou quand il s'agit d'une bonne pitance.

En effet, à peine ont-ils trois mois, qu'on les voit se flairer, se poursuivre et se taquiner les uns les autres, et quelques-uns le font avec un certain acharnement. Comme il est impossible d'étendre le système cellulaire jusqu'à eux, nous avons pris le parti de séparer les mâles des femelles, dès qu'on peut distinguer les sexes, c'est-à-dire vers le quatrième mois, plus ou moins, suivant la race et la force du lapin.

Dès ce moment, il n'y a plus de combats parmi eux, et ils peuvent passer successivement, depuis le premier *commun* jusqu'à celui des adultes, sans dispute et dans une entente cordiale inaltérable, pourvu toutefois que l'on n'opère plus de mutations dans les communs où les lapins ont plus de deux mois; car un nouveau sujet introduit parmi eux serait l'occasion d'une bataille générale qui se terminerait par des coups de dents meurtriers.

D'ailleurs, les lapins semblent animés d'un instinct qui les désunit pour les disperser et les répandre en les multipliant. Ils ne savent faire usage de leurs dents que pour s'entre-déchirer, et jamais contre aucun animal qui vient les attaquer, voire un rat, un crapaud. Quand ils se pincent une touffe de poils, ils arrachent souvent aussi un morceau de peau et toute une lanière, ce qui rend quelquefois la plaie incurable.

Ainsi donc, les lapins, s'ils croissent ensemble, peuvent vivre en paix comme de vieux amis, pourvu qu'on ne jette pas parmi eux la pomme de discorde, un intrus quelconque, et surtout un individu d'un sexe différent.

Toutefois, ils vivent souvent en bonne intelligence, même quand, ayant été séquestrés, on les mêle à un moment donné; on en est quitte pour quelques batailles dans les premiers jours, ce qui n'empêche pas ces animaux de prospérer, étant réunis désormais dans un seul compartiment.

Le système cellulaire doit, en un mot, être appliqué à tous les sujets destinés à la reproduction. Nous avions mis vingt lapines ensemble dans une salle avec des cases à nicher. On les voyait se courir sus les unes et les autres, sans se laisser ni paix ni trêve. Sitôt qu'elles voyaient l'une d'elles charrier de la paille pour faire son nid, elles l'entouraient, la pressaient, la suivaient jusqu'à sa case ou y pénétraient en son absence. Souvent elles lui arrachaient la paille ou le poil qu'elle portait à la gueule; et enfin, elles la serraient de si près que, quand cette lapine était parvenue à construire son nid, alternativement travaillant et combattant, ses petits étaient presque aussitôt victimes de la curiosité, qui sait? ou de la jalousie des autres : leurs petits cadavres ensanglantés jonchaient l'appartement au grand déplaisir de la mère, qui languissait tristement, en attendant peut-être de prendre sa revanche.

Nous avons même vu des femelles faire leurs petits durant une chaude mêlée, ou avorter par suite de coups ou d'accès de colère (1).

Enfin, il est difficile d'élever des lapines en commun; peu de nichées viennent à bien. On ne peut tenir une note exacte des jours où chacune d'elles a pris le mâle; on est obligé de laisser celui-ci libre parmi les lapines, et c'est une nouvelle source de rixes et de jalousie, même quand on lui mettrait un collier pour l'empêcher de parvenir jusqu'aux nichées. Cependant, l'habitude peut obvier à ces inconvéniens, quand les lapins se propagent dans un appartement commun à des sujets de tout âge. (*Voyez* le § 4.)

§ 3. Petites organisations. — L'éducation du lapin convient éminemment aux petits ménages, aux classes pauvres. Elle réussit d'autant mieux, qu'elle est faite sur une plus petite échelle. Elle offre, dans ces conditions, une ressource précieuse aux personnes qui n'ont que peu de place à lui donner. Les habitants des faubourgs dans les grandes villes, principalement à Paris, peuvent nourrir les lapins avec ces grands amas de feuilles de choux, de carottes et d'autres légumes qui s'accumulent chaque jour autour des marchés, et que

---

(1) Les souris ont les mêmes mœurs. Il nous a été impossible d'obtenir des nichées viables de souris vivant ensemble. Il nous a fallu les isoler; sans cela elles ne prenaient aucun soin de leur progéniture, ou bien leurs compagnes détruisaient leurs nids et tuaient les petits.

l'on emporte aussi chaque jour, peut-être pour le fumier. En ajoutant à ces matières alimentaires quelques grains et les débris de pains que les chiffonniers ramassent tous les jours dans les rues, l'on aurait tout ce qu'il faut pour nourrir et même engraisser un nombre prodigieux de lapins, répartis sur un grand nombre de points.

Pour ces exploitations, il n'est question d'aucune forme d'établissement. De même qu'à la campagne, on peut mettre les lapins par deux, par quatre, par six dans les recoins des greniers, des écuries, des hangars, des cours, *fig.* 8, en choisissant les endroits les plus secs et les plus chauds pour les petits lapereaux, et en se diri-

Fig. 8. — Modèles divers de repaires pour lapins.

geant, dans les limites de ses moyens d'action, d'après les principes exposés dans cet ouvrage.

Les compartiments et les séparations se font avec des
claies, des vieux paniers, des vieux zincs, des grillages
de rebut, des planches, des lattes. Des osiers tressés à
jour comme des claires-voies, en forme ronde ou carrée,
sans fond et sans couvercle, peuvent être placés çà et là
dans les cours et les hangars, et être changés de place
à volonté. Au besoin, deux planches leur serviraient de
toiture. Tous ces engins de séparation et de compartiments doivent avoir environ un mètre de haut. S'il
arrive que les lapins rongent les osiers ou les lattes, il
suffira d'en frotter la partie inférieure avec du goudron
ou de l'huile de cade.

§ 4. Quelques organisations particulières. — 1° *Un
clos entouré de fossés, fig.* 9. — On peut établir sans grande
peine une garenne à découvert, sur le penchant d'une colline dont le sol est friable, en profitant des ravins, des
érosions, des escarpements, des accidents du terrain. On
taille à pic, à la profondeur d'un mètre, le sol du côté
de la terre dont on veut isoler la garenne ; on rejette la
terre en dedans pour former ou agrandir çà et là des
monticules ; on y plante des arbres et des buissons ; on
y sème des plantes vivaces ; on y dépose, en meules
plus ou moins grandes, de la paille, du foin, des ronces, des fagots, des tiges sèches de pois, de pomme de
terre.... ; et on y jette quelques paires de lapins, aux-
quels on a préparé, sur divers points, des abris grossiers
et des talus protecteurs contre des vents froids ou domi-
nants.

Les lapins livrés à eux-mêmes s'y propagent rapidement ; ils deviennent sauvages et alertes : au moindre
bruit, à la moindre menace de danger, ils rentrent dans

les terriers, qu'ils creusent dès leur installation, et ils échappent ainsi facilement aux quadrupèdes ennemis qui les visitent.

Fig. 9. — Clos entouré de fossés.

2° *Un clos muré, fig.* 40. — L'on établit une garenne du même genre, en entourant de murs une portion de bois taillis, de bruyère, d'un sol sablonneux ou marneux et incliné, sur lequel les eaux ne séjournent pas, et où les lapins peuvent creuser à leur aise des terriers protecteurs. Les murs doivent être élevés d'un mètre au moins, sur un demi-mètre de fondation, dans les endroits où la

Fig. 10. — Clos muré.

terre assez meuble peut donner issue aux lapins par des terriers profonds.

3° *Une île, une pointe de terre, fig.* 11. — Il faut dire la même chose d'une île et d'une pointe de terre située au confluent de deux cours d'eau, et isolée par un fossé où l'on introduit les eaux. Le sol doit en être assez élevé pour mettre les lapins et les nichées à l'abri de toute inondation.

Nous avons visité autrefois sur les côtes de la Méditerranée une île de trois hectares, constituant une colline couverte d'arbustes vigoureux. On y avait abandonné

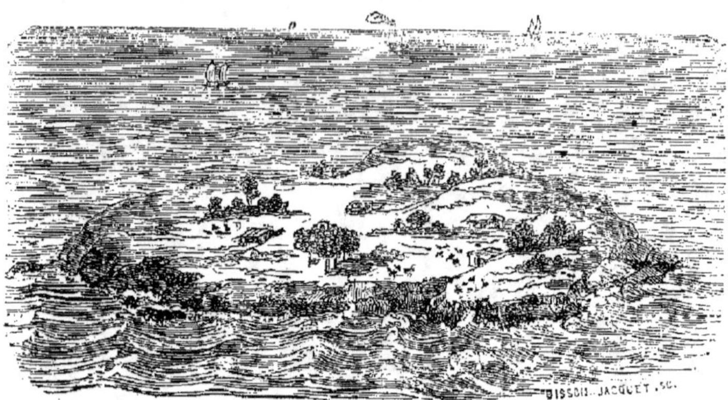

Fig. 11. — Ile.

trois couples de lapins, qui, au bout de deux ans, s'étaient multipliés de telle sorte, que toute végétation avait disparu sur l'île : ils avaient même déterré les racines pour les ronger. Nous conseillâmes d'y transporter du foin, de la paille et des fagots, placés en meules sur divers points. C'est ce que l'on fit ; et cette nourriture suffit pour les faire prospérer.

Quand on voulait en prendre, on plaçait silencieusement des filets en travers de l'île et l'on faisait ensuite une battue bruyante. C'est par centaines qu'ils se jetaient dans ces filets que l'on abaissait pour retenir les captifs. Les mailles de ces filets étaient larges et laissaient esquiver les lapereaux trop petits. On palpait les adultes, et on rendait la liberté aux femelles pleines. L'île étant plus tard passée entre les mains d'un autre propriétaire, les lapins furent exterminés, non sans peine et sans beaucoup de temps, et le sol fut livré à la culture des primeurs.

4° Garennes avec lapins en commun, fig. 12. — Un mode très-usité chez les habitants de la campagne consiste à élever les lapins en commun, en plaçant un mâle avec plusieurs femelles dans un même compartiment. Quelques fermes ont jusqu'à huit compartiments de ce genre; le plus souvent un par chambre, dans des bâtiments abandonnés.

Ce mode est l'un des plus défectueux, il donne cependant des résultats dont plusieurs s'applaudissent : la surveillance est moindre, les herbes sont jetées sur le sol, parquet ou pavé, qui est en peu de temps couvert d'une couche épaisse d'excellent fumier.

On choisit un local qui ait une superficie d'environ 50 centimètres carrés par sujet, car il faut de l'espace pour eux et pour les lapereaux à venir. Six à sept femelles et un mâle peuplent cette loge. Sur l'un des côtés

Fig. 12. — Compartiment à nichées.

est le râtelier; et l'on adosse aux deux côtés où n'est pas la porte, les boîtes à nichées, à moins qu'on ne pré-

fère des petits compartiments en briques, élevés d'environ 50 centimètres contre un mur. On les recouvre
d'une planche mobile qui permet au surveillant de reconnaître l'état des nichées, de nettoyer ces petits compartiments, etc.

Le mâle, vaguant librement parmi ses femelles, doit
pourtant être empêché de pénétrer dans ces petits compartiments par l'ouverture qui donne passage aux mères.
A cet effet, on lui met un collier en fer-blanc, ou en fer;
les colliers de cuir sont fréquemment rongés. On adapte
au collier un anneau solide où l'on puisse passer, en
forçant un peu, une baguette en bois de l'épaisseur du
pouce, assez forte pour que le lapin, en s'efforçant de
pénétrer par les trous dans les boîtes à nicher, ne puisse
pas la briser.

Les choses ainsi disposées, on se borne à faire la distribution en variant la nourriture, à entretenir une
grande propreté par le renouvellement fréquent de la
litière, et à surveiller les nichées.

Chacun des petits compartiments ou boîtes à nicher,
est muni d'un trou qui laisse passer la lapine. Il faut
trois boîtes pour deux lapines. Dès qu'on en aperçoit
une dont le trou est bouché par de la paille que la
lapine y entasse, on est autorisé à croire qu'elle a mis
bas. Dès lors, il faut relever un peu la planche qui forme
la paroi supérieure de la boîte, et on examine le nid,
non pour y toucher ou y rien déranger, mais pour en
extraire les petits qui seraient de trop, relativement à la
force et à l'abondance de lait de la mère, pour voir s'il
n'en serait point mort, etc. (*Voir* chapitre VII.)

Nous ne reviendrons pas sur ce mode d'organisation,
qui peut avoir des avantages réels. Il ne faudrait pas en

juger par la manière dont il est mis en usage par quelques fermiers négligents. Quelques-uns réussissent; le
plus grand nombre éprouve des pertes continuelles par
suite de leur incurie. Les essais que nous en avons
faits dans les conditions convenables nous ont assez
réussi; une particularité singulière que nous a offerte
cette méthode, c'est que l'accumulation du fumier dans
chaque petite salle ne paraissait pas avoir d'inconvénient, au contraire, il développait une chaleur dont les
lapins semblaient se trouver bien en hiver.

5° *Garennes à terriers, fig.* 13. — Un autre mode, que

Fig. 13. — Garenne à terriers.

nous n'avons vu usité que dans le Midi, consiste à construire tout autour d'une salle basse des banquettes

d'un mètre de haut, et larges également d'un mètre, non comprise l'épaisseur du petit mur, et de remplir ces banquettes d'une terre marneuse que l'on presse et à laquelle on mêle quelques briques larges et minces.

Généralement, l'on y pratique des cloisons transversales, deux ou trois dans une banquette de 6 ou 7 mètres de longueur; ce qui constitue des terre-pleins où les lapins font leurs terriers, en passant par des trous qu'on laisse dans le petit mur de la banquette, au niveau du pavé ou du sol de l'appartement. Les briques placées à plat, à une certaine hauteur de la banquette, ont pour effet de soutenir la terre, et d'empêcher des éboulements désastreux. Le dessus des banquettes est recouvert de planches, de pierres ou de briques.

Dans quelques endroits, ces banquettes ou terre-pleins sont au-dessous du niveau du sol de la garenne. Les terriers n'y sont que plus chauds en hiver et plus frais en été.

L'une ou l'autre de ces dispositions nous paraissent devoir être recommandées aux éleveurs qui constatent une mortalité ruineuse, durant l'hiver, parmi leurs sujets. Le lapin craint le froid plus que la privation d'air. Il est organisé pour passer une partie de sa vie sous terre, la nature l'a doué pour cela de qualités qui, si elles ne tombent pas sous notre appréciation, se recommandent néanmoins à notre attention.

§ 5. Conclusion de ce chapitre. — Ainsi donc, il faut pour procéder à l'exploitation du lapin, quel que soit le mode d'organisation adopté : un lieu bien exposé, regardant le levant autant que possible, un lieu sec, assez chaud, et jouissant d'un peu de soleil; et, pour les garennes à découvert, un sol incliné, sablonneux ou marneux et sec.

On se souviendra que les lapins craignent le froid : plus le climat est rigoureux, plus les lapins sauvages séjournent dans leurs terriers, où ils vont se réchauffer après leurs tournées buissonnières. On suppléera aux terriers par une litière abondante, et par une ou plusieurs caisses peu élevées (20 centimètres environ), pouvant contenir les lapins du compartiment où on les place. Ces caisses ne doivent laisser pénétrer l'air dans leur intérieur que par l'ouverture qui permet aux lapins d'entrer et de sortir; on doit les laisser pendant tout l'hiver dans leurs compartiments.

Enfin, on veillera à la tranquillité des paisibles populations d'un établissement cuniculaire. L'entrée doit en être interdite à tout visiteur bruyant, aux chiens et aux chats, dont la simple présence, en un tel lieu, apporte le trouble, le désordre.

Un jour, un chasseur entra, suivi d'un jeune chien, dans une salle des mères; une lapine, nommé Hamette, venait de faire neuf petits et achevait à peine de lécher le dernier, quand le chien poussa un cri que nous entendîmes à peine. Mais Hamette l'avait entendu : elle sort brusquement de la case en emportant deux petits d'un coup de patte; essoufflée, éperdue, elle se blottit à nos pieds, et ne put se remettre de sa frayeur que par le prompt éloignement du chien et une poignée d'herbes fraîches qu'elle dévora avec anxiété. Nous replaçâmes les deux petits dans le nid, nous fermâmes la loge, et quand le plus parfait silence fut rétabli, Hamette acheva de donner ses soins urgents à sa nichée.

Dans une autre circonstance, quelques visiteurs s'entretenaient tout haut en parcourant les allées des loges ; arrivés devant celle d'Emérie, occupée à mettre bas, cette pauvre bête, effrayée, sortit précipitamment de sa case à nicher ; elle venait de faire six petits, dont deux n'étaient pas encore léchés ; il fallut la prier, la caresser beaucoup et lui donner quelque friandise pour la faire rentrer sur son nid et achever son opération.

Contentons-nous de ces deux exemples, et concluons que le silence et la paix sont nécessaires. A chaque heure du jour et de la nuit, il y a des lapines qui mettent bas, et un bruit inaccoutumé pourrait amener la perte d'une nichée, la mort de quelque petit, etc. Concluons donc aussi que l'on ne doit pas changer, autant que possible, les personnes qui sont chargées de leur donner des soins. Habitués à leur vue, à leur voix, à leurs manières, ces animaux se familiarisent avec elles ; et quand elles nettoient leurs loges, ils n'en éprouvent aucune contrariété : ces personnes peuvent même profiter de ce moment pour leur faire prendre l'air, les placer quelques instants au soleil sans qu'ils en soient troublés. On les voit alors rentrer dans leurs loges avec d'autant plus de plaisir, que la litière fraîche, ou la terre nouvellement changée ou remuée, les réjouit beaucoup. Un lapin doit toujours poser le pied à sec.

CHAPITRE IV

MALES

Un mâle suffit pour dix lapines ; il servirait tous les quatre jours, si on le leur donnait toutes les six semaines ; mais comme il arrive souvent qu'un premier accouplement ne féconde pas, et qu'un bon nombre de lapines sont mises au mâle deux et même trois fois, il s'ensuit qu'un mâle pour dix lapines sert tous les jours ou tous les deux jours, et c'est beaucoup trop si c'est habituel ; d'où vient qu'on doit renouveler les mâles tous les trois à quatre mois, ou du moins leur donner quinze jours de repos trois ou quatre fois par an.

Ce n'est pas que les nichées viennent tellement l'une après l'autre, que cet ordre puisse être rigoureusement observé ; mais il suffit que le lapin se repose de temps à autre : ainsi, il peut encore sans inconvénient servir tous les jours une fois pendant dix jours et se reposer autant de temps. D'ailleurs, il dépend de l'éleveur de répartir également ses nichées dans le courant du mois.

En conservant ainsi un lapin pour dix femelles, on le verra souvent encore engraisser, et c'est ce qu'il faut éviter avec soin. Le cas échéant, on le remplace.

Le choix qu'on fait d'un mâle est très-important. Voici ce que l'expérience nous a appris des qualités qu'il doit avoir. Il ne faut pas qu'il soit trop jeune, parce que sa santé en souffrirait ; il nuirait aussi au but qu'on se propose par sa maladresse. On le choisira âgé de huit mois environ, et on fera passer dans sa loge quelques lapines destinées au marché. Après cela, on peut se fier à lui pendant environ quatre ans, époque de sa plus grande vigueur, à condition toutefois, qu'il offrira les caractères suivants :

Humeur farouche, colère ; mouvement rapides, œil vif, poil luisant, bien fourré et d'un beau gris fauve (couleur de lièvre) ; poitrail large, tête conique et proéminence des joues ; enfin, une vigueur remarquable. Un lapin de ce tempérament est souvent en alerte, et frappe fort et ferme du talon sur le sol. Ajoutons que la tête conique moins effilé que chez la femelle, le front plus bombé et le museau plus court et plus rond, distinguent parfaitement, pour celui qui en a l'habitude, le mâle de la femelle, dont la tête est plus fine, les joues plates, et le museau plus pointu.

En général, il y a profit à entretenir des mâles de la plus belle espèce ; c'est d'eux surtout que dépend la beauté des lapereaux : à la mère la fécondité, le nombre ; à eux la qualité.

Si la loge du mâle était trop étroite, il ne pourrait pas bien prendre ses ébats, et l'accouplement pourrait se faire attendre ou être incomplet.

Ainsi séquestrés pour le repos de la petite république, les mâles deviennent encore plus alertes, plus méchants, et, il faut le dire, tout à fait féroces. Voici des faits, car nous avons tout expérimenté ; et nous devons en produire, parce qu'on sait généralement, ce qui d'ailleurs est vrai, que les mâles qui vivent librement parmi les femelles, ne détruisent pas toujours les nichées et se plaisent même à caresser les petits quand ils sortent du nid.

Nous avons mis trois petits de deux à cinq mois chacun dans la loge d'un mâle ; le premier fut dépecé à l'instant ; le second évita les premiers coups, et enfin, il eut la peau de la tête déchirée depuis l'œil jusqu'au museau ; le troisième fut éventré.

Un autre mâle fut lâché dans l'appartement des mères où une loge était ouverte. Il y pénétra bientôt, renversa le nid de fond en comble et tua les onze petits qui composaient la nichée. L'un d'eux reçut dans sa loge une lapine déjà pleine ; elle se tenait toujours blottie sous sa litière ; le mâle s'irrita, la fit lever plusieurs fois, et enfin, lui déchargea un coup de patte qui lui enleva un gros morceau de peau.

Ayant ouvert deux loges de mâles, ceux-ci sortirent et se rencontrèrent. Une lutte mortelle s'engage aussitôt : ils s'élancent l'un contre l'autre, se mordent à belles dents, font voler des flocons de poils ; bientôt la peau est entamée, le sang coule ; l'un d'eux, plus faible, s'enfuit dans un coin où l'autre va l'assiéger. On ne les sépara qu'avec peine ; tous deux étaient tellement maltraités, qu'il fallut les remplacer.

Mais hâtons-nous de le dire, de même qu'en certaines localités, les femelles sont plus molles, plus faciles à engraisser, en un mot moins ardentes et moins propres à l'accouplement, de même aussi, trouve-t-on peu de bons mâles dans certaines contrées. Ils sont lâches, égoïstes et dormeurs, là où existe un climat humide et froid, et où les herbes sont aqueuses, trop fraîches, marécageuses. Cet avis n'est pas à négliger, car on comprend qu'il est bien plus important d'avoir un mâle ardent qu'un mâle lâche et froid, serait-il deux fois plus gros.

Les lapins s'habituent très-bien à l'isolement ; leur non-

chalance naturelle y trouve son compte, et l'éleveur le
sien ; car ils ne s'épuisent pas en querelles et en combats, ils profitent bien de la nourriture, et dorment
tranquilles au lieu de passer leur temps en expéditions
fatigantes et désastreuses.

Les mâles libres, dans les loges où l'on tient plusieurs
lapines pour la production, ne paraissent point souffrir
du collier qui les empêche d'entrer dans les petits compartiments à nichées ; ils se font aisément à cet instru-
ment de police. (*Voir* chap. III.)

CHAPITRE V

FEMELLES

Que l'on entretienne des lapines de toute espèce et
de toute grosseur , ou que l'on se borne à en élever une
seule variété, on doit, dans toutes, pouvoir reconnaître
les signes de la vigueur et de la fécondité. Ces signes,
les voici, tels qu'une observation très-étendue nous les
a fait connaître :

Tête effilée (1), croupe arrondie et vaste, cuisses écar-
tées par la grande capacité du bassin, poil lisse, brillant
et gris fauve ; œil vif ; allures franches ; développement

---

(1) On a prétendu que le développement extraordinaire de l'occipital était
un signe de fécondité, c'est-à-dire que la protubérance de cet os, derrière la
tête, était la marque d'une plus grande aptitude à l'accouplement. C'est une
idée empruntée aux phrénologues ; elle est ici fort justifiée.

des mamelles, lequel, toutefois, n'a lieu qu'après la première ou la deuxième portée; embonpoint médiocre; enfin, âge moyen de sept mois à quatre ou cinq ans. Nous avons vu des lapines d'un an à deux ans qui, pendant qu'elles allaitaient, avaient des mamelles gonflées et traînantes, de manière à laisser des traces de lait partout où elles passaient.

Pour remplacer une lapine, il faut en choisir une autre parmi les sujets de la réserve qui présentent les qualités précédentes au degré le plus marqué, puis on la donne au lapin. Mais, pour être certain de la réussite, on ne doit pas se fier à un simple accouplement qui peut avoir lieu sans que la lapine soit en chaleur, auquel cas il est infructueux; il faut laisser ordinairement la lapine avec le lapin pendant plusieurs jours.

Les défauts matériels qui doivent faire remplacer une lapine sont l'obésité et la vieillesse. L'embonpoint, on le sait, n'est pas favorable à la production. La vieillesse se traduit par des signes faciles à apprécier : le poil s'ébouriffe et tombe; les ongles s'écornent et s'allongent; les dents s'ébrèchent et noircissent; les articulations se gonflent; les flancs se creusent; le ventre devient flasque et traînant; la vivacité de l'œil s'émousse; les mouvements sont lourds et les traits acquièrent un profil dur et anguleux. Toutefois, il ne faut pas attendre cette époque pour les mettre à la réforme : quatre ans de service sont suffisants. Après ce temps, elles ont encore la chair tendre, et il est très-facile de les engraisser; plus tard, on ne pourrait pas facilement en tirer parti.

Mais comme c'est sur de bonnes mères que se fonde l'espérance de l'éleveur, nous allons entrer dans quelques détails sur les mœurs des lapines domestiques ; ils aideront à faire des choix heureux et à ne garder que les meilleures.

Une lapine médiocrement sauvage est toujours préférable à une lapine familière et aux mœurs très-douces. L'expérience apprend qu'elles ont souvent beaucoup perdu de l'instinct qui les guide dans les soins qu'elles doivent à leurs petits, et elles sont si gourmandes, qu'elles s'inquiètent bien plus de leur manger que de leur nichée. Les lapines plus craintives et moins apprivoisées, au contraire, sont à peu près toujours d'excellentes mères, pleines de sollicitude pour leurs petits. L'excès peut seul être un défaut, parce que, dans la frayeur, elles sont en alerte au moindre bruit et tremblent sans cesse pour leur vie. Or, chez le lapin, l'instinct de conservation passe avant tous les autres ; il s'ensuit que, pour se cacher, ces femelles se précipitent dans leurs cases à nicher, foulent, dérangent leur nid et peuvent tuer leurs petits. On pourrait remédier à cet inconvénient en leur créant un refuge dans un angle de la loge ; elles s'y retirent pour s'y mettre à couvert, et l'on a moins à craindre pour leur nichée.

Une bonne lapine, hors ces cas de frayeur, n'entre jamais dans sa case que le matin et le soir pour allaiter ses petits ; encore n'y reste-t-elle que quelques instants (1). Après y être entrée, elle bouche le trou de la case par dedans ; quand elle en est sortie, elle le bouche par dehors, et souvent avec une telle ardeur, qu'à force

---

(1) Que ceux qui ont critiqué cette assertion aillent à l'école de la nature. Il faut dire ce qui est, et non ce qui plaît.

d'y tasser de la paille, elle se trouve remplie, non-seulement de paille, mais souvent aussi de litière et de crottins: c'est à cause de cela, qu'on doit visiter fréquemment ces cases pour les débarrasser de ce fumier.

Ordinairement, une lapine ne bouche le trou de la case qu'après y avoir mis bas. Quelques-unes le font plus ou moins longtemps auparavant; c'est une réminiscence d'un devoir maternel qui leur vient quelquefois aussi pendant qu'elles sont en chaleur. Celles dont l'instinct est le plus droit, et par conséquent les meilleures, charrient de la paille entre leurs dents, pour faire leur nid un ou deux jours avant de mettre bas, et ce n'est que durant la journée qui précède ce moment, qu'elles s'arrachent le poil pour l'achever. Elles se dépouillent de préférence le ventre, sur les deux lignes latérales occupées par les mamelles; ce procédé a l'avantage de les découvrir: les petits les trouveront sans peine pour téter.

Il faut se méfier de toute lapine qui ne fait pas son nid, ou qui n'y prépare pas une couche de duvet pour ses petits. Ces aberrations d'instinct s'observent rarement chez de bonnes femelles. On sait que l'état de domesticité affaiblit leur instinct; mais quand celui qui touche de si près à la production est altéré, il n'en faut rien attendre de bon. C'est ce que nous avons observé cent fois à nos dépens, et ce qui nous a fait rejeter sans miséricorde certaines variétés fort belles, mais le plus souvent incapables de défrayer le nourrisseur de ses peines.

Les lapines portent trente et plus souvent trente et un jours. Sur dix nichées, quatre viennent le trentième jour et six le trente et unième: c'est la proportion ordinaire. Il en est pourtant qui retardent d'un jour; mais il est tout à fait rare de les voir devancer d'un jour. Nous ne l'avons observé que deux ou trois fois.

On doit tenir note très-exactement de tout ce qui se passe dans l'établissement. Le modèle du tableau que l'on trouvera à la fin de ce livre indiquera la manière que nous croyons la plus convenable, de prendre jour par jour les notes relatives aux nichées et à la mise au mâle.

Le vingt-sixième ou vingt-septième jour après l'accouplement, on s'assurera d'abord que la lapine est pleine, on appropriera sa loge, et on lui fera une litière propre, afin qu'elle ne mette pas de fumier dans son nid. On y placera ensuite une boîte à nicher, que nous décrirons bientôt (*Voyez* chap. VII), et on y mettra en hiver un peu de paille sans la presser, car la femelle pourrait bien n'en mettre pas assez.

On peut, dans la belle saison, au lieu de mettre une boîte à nicher dans la loge, y préparer dans un coin une espèce d'enfoncement en paille, où la femelle fera ses petits. On peut aussi en été se contenter de retirer la case huit à dix jours après la mise-bas, pour la remplacer par une poignée de paille disposée en arc au-dessus du nid ; cette attention plaît beaucoup à ces animaux, qui aiment extrêmement les coins. De là le mot *cuniculus* (coin, trou), nom par lequel on désigne le lapin dans la langue latine.

En venant au jour, les petits s'étalent en se tordant et en se retournant continuellement à la manière des vers sous la langue de la mère, qui les lèche et les approprie parfaitement : c'est l'affaire de moins d'une heure. Elle sort ensuite pour s'approprier elle-même.

On ne doit garder que les lapines faisant habituellement au moins huit petits ; mais quand elles en font

plus de dix, ce qui est très-fréquent, il faut leur en ôter
quelques-uns ; sans cela, ils ne seraient pas suffisamment
nourris.

La santé des mères et la viabilité de leurs petits sont
basées sur l'allaitement, dans ses justes proportions avec
le nombre des petits et l'époque de la mise au mâle.
Nous reviendrons, sur ce sujet important, aux chapitres
Accouplement, Nichées.

Lorsque nous avons, le même jour, des nichées de quatorze et quinze petits, avec des nichées de trois ou quatre,
ce qui arrive quelquefois, nous sommes dans l'usage
d'en ôter quelques-uns aux nichées trop fortes, et, au
lieu de les jeter, nous les mêlons à celles qui sont moins
nombreuses, et leurs mères les nourrissent fort bien :
ainsi, les fortes nichées compensent les faibles. L'été et
le printemps surtout, sont les saisons où les nichées
prospèrent le mieux.

Enfin, il y a certain agrément à posséder dans un établissement des lapines de toutes robes ; blanches, noires,
rouges, grises, fauves, tigrées ; mais c'est aux couleurs
franchement fauves qu'il faut surtout s'attacher, parce
qu'elles indiquent plus de vigueur et qu'elles sont plus
naturelles.

On croit assez généralement que les lapines abandonnent leurs petits quand on y touche : nous n'avons ren-
contré ce cas que deux ou trois fois. Il va sans dire que,
lorsqu'on a affaire à une lapine aussi susceptible, on
l'envoie sans façon au marché. Il n'en est pas de même
lorsqu'on change leur nid de place ; plusieurs se fâchent
et l'abandonnent. On doit y veiller. D'ailleurs, lors même
que les petits sont dans la boîte à nicher, on n'a point
à en déboucher le trou pour examiner le nid, puisque la

boîte offre à sa partie supérieure une planche mobile qu'on soulève pour examiner l'intérieur sans rien déranger.

Si l'on voyait une mère, bonne d'ailleurs, abandonner ses petits après les avoir faits, ou ne les déposer pas même dans un nid, on devrait soupçonner une superfétation : il est probable qu'elle fera d'autres petits quelques jours après. Ces cas de superfétation épuisent les lapines en pure perte. L'on ne peut pas mettre trop de soin à s'opposer aux accouplements intempestifs; mais ces cas sont beaucoup plus rares qu'on ne le dit généralement : nous n'en avons encore observé que trois.

Il est vrai que certaines lapines mangent ou tuent leurs petits. C'est qu'après avoir mis bas, elles les lèchent pour les nettoyer et dévorent le placenta, petite membrane charnue qui accompagne chaque lapereau. Or, il arrive que du placenta au lapereau, il n'y a guère de différence, et d'un coup de dent à l'autre, il n'y a qu'une ligne de distance. Cependant, les rats tuent et mangent bien quelques nichées.

On attribue souvent à la lune une certaine influence sur la fécondité des lapins : nous ne l'avons pas remarqué. Ce n'est pas que nous refusions de croire à des relations entre certains faits et l'action du satellite de la terre. Au contraire, les agriculteurs, les jardiniers, les bûcherons doivent ne pas négliger cette influence de la lune sur le fumier quand on le remue, sur les semailles, sur des greffes, sur la taille des arbres, sur quelques récoltes et coupes de bois.

Comment se rendre compte de cette influence extraordinaire? Elle est mystérieuse, encore inexplicable, mais elle n'en est pas moins réelle.

CHAPITRE VI

ACCOUPLEMENT

Voici, au sujet de l'accouplement, les règles que nous avons adoptées et que nous conseillons dans les cas ordinaires, et surtout dans les pays chauds, secs, montagneux et maritimes.

On peut mettre au mâle, le jour même du part, une lapine qui, par accident, aurait fait ou conservé moins de quatre petits. Néanmoins, à notre avis, il faut user très-sobrement de cette licence, rarement utile, parce que les femelles s'épuisent ou que leurs petits restent chétifs (1).

Nous avons choisi douze lapines des plus robustes, que nous avons données au mâle le jour même de leur mise-bas. L'accouplement fut normal en apparence; nous le laissâmes répéter chez toutes. Cependant, quatre seulement se trouvèrent fécondées, et après la mise-bas, l'une d'elles n'avait que trois petits; une autre, qui en avait fait huit, les laissa mourir après le douzième jour. Les deux nichées restantes s'en tirèrent tant bien que mal; mais, pendant le sevrage, il mourut six petits sur quinze; deux périrent encore vers l'âge de trois mois; les autres languirent longtemps, et enfin à cinq mois ils

---

(1) Croirait-on que des auteurs font une obligation à l'éleveur et une règle générale de mettre les lapines au mâle le jour même de la mise-bas! Nous avons voulu démontrer par les faits combien de telles erreurs sont nuisibles.

étaient moins gros que d'autres qui étaient plus jeunes
d'un mois.

Cette expérience ayant été répétée durant une autre
saison, donna à peu près les mêmes résultats.

Nous devons ajouter que, dans la belle saison, il est
des lapines qui prennent fort bien le mâle le jour de la
mise-bas et peuvent ainsi donner, trois ou quatre fois
de suite, une nichée par mois; mais, nous le répétons,
elles s'épuisent facilement alors, et leurs petits sont toujours plus faibles que les autres.

Pour le plus grand nombre de lapines, il est à propos
d'attendre du dixième au quinzième jour après la mise-
bas. On les laisse toute une journée dans la loge du
mâle, en ayant soin de ne les lui-donner qu'après le
soleil levé, c'est-à-dire, après qu'elles ont fait téter leurs
petits. En les reportant le soir dans leurs loges, elles
devront trouver à manger : c'est leur premier besoin.
Après l'avoir satisfait, elles allaitent leurs nichées et se
reposent à l'aise.

Nous pourrions entrer ici dans des détails sur l'organisation intérieure des lapines, sur les signes de l'accouplement réel, sur les causes de superfétation, mais
ces détails et leurs analogues concernant les mâles, n'ont
rien d'essentiel et l'expérience les apprend bientôt. Continuons.

Dans les cas fréquents où l'éleveur ne pourrait obtenir de ses lapines six à huit nichées par an, soit à cause
des influences extérieures, soit à cause du défaut de
race, il devrait changer de méthode, et conserver en
réserve un nombre égal de lapines à celui qui est en
loge.

Soit, par exemple, un établissement de cinquante

lapines toutes en loge, et de cinq mâles bien valides; nous supposons qu'on ne puisse obtenir de chaque femelle que six nichées par an, une tous les deux mois, encore qu'on y trouvât son compte, on doit pourvoir à un produit plus abondant, et c'est facile.

Indépendamment des cinquante lapines en loges, on en aura cinquante autres dans des cases beaucoup plus petites : 50 centimètres carrés suffisent. Chaque lapine y passera, à tour de rôle, son mois de gestation; elle ne sera mise en loge que deux ou trois jours avant sa mise-bas, à la place d'une lapine dont on a sevré les petits. Ainsi, ces loges ne seront jamais occupées que par des mères avec leur nichée; c'est une économie d'emplacement et de matériel. On aura donc réellement cent lapines au lieu de cinquante, mais il ne faudra pas plus de mâles; cinq suffiront toujours à la rigueur, sauf deux ou trois de réserve en cas d'accident.

Cette combinaison, pour l'accouplement, pourvoit aux intérêts de l'éleveur aussi bien qu'à la santé des lapines, et elle permet de leur laisser les petits pendant un mois et plus, ce qui assure complétement leur viabilité.

En suivant cette méthode, on peut obtenir huit nichées par an; cependant, on ne calcule que sur six ou sept; car l'on ne doit pas s'attendre à ce que chaque fois qu'on met une lapine au mâle on l'en retire fécondée. Il arrive souvent que le trentième jour arrivé, la lapine ne fait pas de petits; aussi les nichées supplémentaires, par les lapines de réserve, sont d'autant plus utiles; elles sont même nécessaires.

Sans doute l'on aura cinquante sujets de plus à nourrir; mais ces cinquante bêtes peuvent porter jusqu'à douze le nombre annuel de nichées pour chaque loge, c'est-à-dire, que l'on peut gagner plusieurs nichées sur les établissements les mieux partagés. Et, en supposant qu'on ne puisse en obtenir que dix ou onze, ce qui est plus probable dans les contrées froides et humides (1), on y trouverait encore un grand avantage, car voici les résultats :

Cinquante lapines, donnant chacune sept nichées par an, produisent deux mille quatre cent cinquante lapereaux.

---

(1) Par l'état de domesticité, et probablement aussi par l'influence du climat, de la qualité de l'herbe, du froid, etc., les sujets s'engraissent en avançant en âge, et la plupart des femelles, après quelques nichées, deviennent impropres à la production par excès d'embonpoint. On pourrait assimiler les lapins, dans ces cas, aux cochons qui, dans plusieurs provinces, s'engraissent beaucoup plus facilement qu'en d'autres.

Quoi qu'il en soit, après avoir choisi et mis en loge des femelles de six mois, fort bien organisées, d'une taille allongée et d'un embonpoint médiocre, on est tout surpris qu'à travers les fatigues de plusieurs nichées, et à la suite d'un régime d'ailleurs assez sobre, elles changent quelquefois si bien en un an, qu'elles paraissent appartenir à une race spéciale et toute autre : leur croupe s'arrondit, leur taille devient massive et leur cou s'embarrasse dans un vaste repli de peau. En cet état, beaucoup de personnes les prennent effectivement pour des sujets d'une race différente, et en font une *race à jabot*.

Il est nécessaire de remplacer ces lapines, avant même que leur jabot ou repli de la peau du cou soit tout à fait prononcé ; car, si l'on attendait ce moment, on en perdrait un grand nombre par suite du part. Ce jabot est le signe et l'effet d'une surabondance de tissu graisseux dans tous les organes de l'animal. Le cœur, les reins, les intestins, tous les organes principaux sont entourés de graisse, et la gestation, loin de faire tourner cette surabondance organique au profit des petits, n'a souvent pour résultat que des avortons ; ou, quand de telles lapines mettent bas, en supposant qu'elles soignent leurs nichées, elles n'ont ordinairement pas assez de lait pour les nourrir.

Nous venons de dire que si l'on attend trop pour les mettre de côté on en perdra un grand nombre. En effet, cet excès d'embonpoint, peut-être maladif, les prédispose éminemment aux inflammations d'entrailles, et à peine ont-elles mis bas, qu'elles périssent tôt ou tard d'une péritonite *puerpérale* ; nous nous en sommes assuré par plusieurs autopsies faites avec soin ; souvent même elles ne peuvent aboutir, et elles meurent par suite de la putréfaction des petits ou par la chute du *ventre*.

Cent lapines, dont cinquante surnuméraires, comme nous venons de le dire, en donnant seulement cinq nichées chacune dans l'année, produiraient trois mille cinq cents lapereaux; c'est mille cinquante de plus que dans le premier cas. Ce surplus vaut bien la peine d'entretenir les cinquante lapines surnuméraires.

Pour réussir, il faut beaucoup moins de travail et de fatigue que d'ordre et de surveillance. Il faut tenir parfaitement en règle les notes d'accouplements et de nichées, transporter à temps les lapines des cages dans les loges, et *vice versâ*, et il ne faut que trois ou quatre mois pour faire concorder les accouplements des lapines destinées à se remplacer mutuellement. Enfin, pour ne pas courir les chances d'un accouplement nul, et pour éviter ainsi la perte de quelques nichées, on aura toujours plusieurs lapines pleines parmi celles qu'on destine au marché, afin de suppléer à celles qui n'auraient pas été fécondées à temps.

Il y a plus, on peut ne se débarrasser des femelles qu'après avoir obtenu une nichée de chacune d'elles. Elles seraient disponibles à huit mois, époque où elles ont acquis tout leur développement, et seraient remplacées par d'autres, etc. Cette dernière méthode n'est pas la moins avantageuse, et donne pour la vente des sujets du plus beau et du plus fort produit.

Voici un autre mode supplémentaire qui procure les nichées les plus nombreuses, avec le moins de frais possible.

Il s'agit de mettre en loge un mâle et sept à huit femelles, et de faire autant de ces réunions que la garenne le comporte. On choisit au besoin des sujets de six mois, qu'on laisse grandir ensemble. On peut ainsi composer ces loges de lapines dont on a sevré les petits, ou dont l'accouplement a manqué, des lapines disponibles en un mot. En ce cas, il faut les mettre ensemble, toutes à la fois, avec le mâle; car si on les met dans cette loge les unes après les autres, il y aura bataille acharnée et beaucoup trop de vacarme.

Ces loges auront environ 2 mètres carrés de superficie. Dans la garenne que nous avions en Afrique, nous appelions ces loges des clubs : club de Golconde, club des Béni-Mouza, etc. Les huit femelles y étaient successivement fécondées par le mâle, et on ne les en retirait qu'au moment où elles étaient vues ramassant des pailles pour faire leur nid (1). On les mettait alors dans les loges à nicher, et tout se passait ensuite comme pour les autres.

Généralement, avant trois semaines, la loge était vide, parce que toutes les lapines fécondées avaient été séquestrées pour le part; on la peuplait de nouveau de la même manière.

CHAPITRE VII

NICHÉES

En donnant la description de la loge d'une lapine, nous avons parlé d'une boîte à nicher : c'est une boîte

---

(1) Ce n'est pas toujours un signe de portée; il faut palper le ventre, qui sera quelquefois vide. En effet, charrier de la paille, faire son nid est souvent le fait des lapines en chaleur, ou trompées par un instinct perverti.

de 30 centimètres carrés, *fig.* 14 (1), ayant la moitié du couvercle libre et fixée seulement par de petites charnières en cuir pour permettre à l'éleveur de visiter les

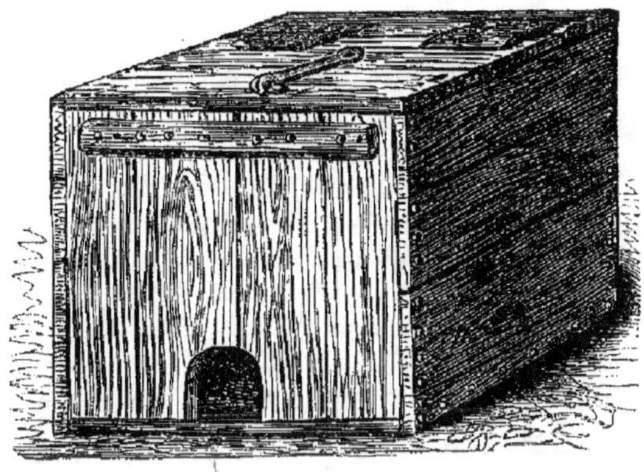

Fig. 14. — Boîte à nicher.

nids. Cette boîte peut être ouverte au fond et derrière, c'est une économie de planches. Dans le devant, on pratiquera un trou d'environ 15 centimètres de diamètre, pour le passage de la lapine. Entre le bord, à l'extérieur, et la paroi latérale de la boîte, on peut fixer une petite auge qui servira de mangeoire pour le son, l'avoine et les menus vivres.

C'est dans cette boîte que la lapine ne manque jamais de faire son nid. On doit la placer dans sa loge deux ou trois jours avant qu'elle mette bas. Nous avons déjà remarqué qu'on peut toucher aux nichées sans inconvénient; on est même obligé de le faire, voici pourquoi :

Aussitôt que la lapine est sortie de la boîte où elle a

---

(1) Cette disposition a été critiquée par un auteur qui ne possède guère son sujet. Nous avons essayé des boîtes plus grandes. Les lapines les bourraient encore plus de paille et de fumier. Nous nous sommes arrêté à cette capacité, parce qu'elles y laissent plus d'espace libre et qu'elle leur suffit.

déposé ses petits, ou du moins aussitôt qu'on s'aperçoit de sa mise-bas, on doit prendre les petits qu'on dépose quelque part, hors de la loge, pour arranger le nid, y ajouter quelquefois du duvet, ôter la paille qui serait mouillée, etc. Cela fait, on y replace les petits, que l'on compte pour en noter le nombre.

Il arrivera souvent qu'on aura à retrancher quelque petit, parce que la nichée sera trop nombreuse; souvent aussi on en rejettera qui sont mort-nés ou non viables; tout cela est ordinaire dans les nichées nombreuses. Mais les petits y seraient-ils tous beaux, on devrait encore en ôter pour n'en laisser jamais plus de huit.

Si l'on ne donnait pas ce premier soin aux nichées, on pourrait en perdre d'entières, empestées par la putréfaction des petits morts; et. comme il en meurt quelquefois avant qu'ils ne sortent du nid, il s'ensuit qu'on doit les visiter tous les deux ou trois jours.

Nous avons déjà vu que les petits lapereaux doivent téter pendant au moins un mois; mais nous ferons ici une remarque très-importante pour ne donner à l'éleveur aucun sujet de méprise.

L'instinct de la race cuniculaire impose une loi à toutes les femelles, d'après laquelle *elles chassent les petits sitôt qu'elles les trouvent assez forts pour se passer de leur lait.* Cette loi, fort louée des chasseurs, parce qu'elle tend à multiplier les familles en les divisant et en les morcelant, est au contraire nuisible à l'éleveur de lapins domestiques, parce qu'il a souvent affaire à des lapines qui s'y prennent un peu trop tôt pour chasser leurs petits; et ceux-ci ne pouvant fuir bien loin, ils sont facilement victimes des brutalités de leur mère. Ces accidents ne sont pas très-rares.

Nous écrivons ceci au retour de la distribution du matin, après laquelle nous avons sevré les petits de vingt-deux lapines. Parmi eux s'en trouvaient seize âgés seulement de vingt-trois jours, et appartenant à deux mères, Lili et Girondine, qui en avaient tué trois pendant la nuit, en leur cassant les reins ou en leur déchirant la peau du dos. Et comme Girondine se permet ces atrocités pour la seconde fois, elle a été rayée du catalogue. Lili, qui est d'une race douteuse, a subi le même sort.

Deux causes peuvent les porter à en agir ainsi : d'abord l'instinct dont nous venons de parler, puis la gestation avancée. Disons toutefois, que ces faits sont exceptionnels. Quoi qu'il en soit, il est prudent de ne point garder les lapines qui repoussent leurs petits aussi prématurément.

Pour la durée de l'allaitement de chaque nichée, on ne doit pas négliger ces considérations; mais les saisons ne doivent pas exercer une moindre influence sur les déterminations à prendre à cet égard. Pendant l'hiver, le froid exposerait les petits à périr s'ils étaient sevrés trop tôt. C'est ce qui nous a fait adopter, dans notre pratique, la durée moyenne de trente-cinq jours pour l'allaitement en hiver, et celui d'environ trente jours en été, plus ou moins, suivant l'époque de la mise-bas qui doit suivre, et suivant la force ou le nombre des petits (1).

---

(1) Que penser des petits livres sur les lapins où on lit qu'on doit sevrer les lapereaux à 15 ou 16 jours d'âge? Ils ne sortent pas même encore du nid à cette époque et ne savent pas manger, à moins que la nichée ne compte que deux ou trois petits fort bien allaités.

4.

Enfin, il arrive souvent que, dans la même nichée, les uns sont forts et les autres incomparablement plus faibles. Dans ce cas, on sèvre les plus forts quelques jours avant les autres qui, par ce moyen, héritent de tout le lait et deviennent quelquefois aussi beaux que les autres. Ensuite, ce sevrage successif a un avantage très-grand pour les mères. Toutes ne supportent pas facilement l'abondance de lait après le sevrage ; de là des engorgements et des inflammations des mamelles, des dépôts de lait et le marasme. Nous en avons perdu plusieurs par ces accidents après leur avoir retiré brusquement leurs petits : l'une d'elles nous présenta à l'autopsie l'induration des mamelles et un dépôt considérable de matières liquides et solides, dans la poitrine, tout le poumon gauche était aplati contre les côtes.

Voici un tableau où est noté le poids de quatres nichées inégales en nombre, mais provenant de mères d'égale force ; il fait ressortir la différence qui existe entre les lapereaux, suivant qu'ils ont été plus ou moins bien allaités.

NOMS.	DATE de la mise-bas.	NOMBRE des petits.	POIDS MOYEN de chaque petit au 27e jour.
Aboudine	6 mai.	11	110 grammes.
Cuniculine. . . .	Id.	9	240 id.
Hamette	Id.	4	320 id.
Léporite	Id.	2	411 id.

Voici un autre tableau qui donne le poids relatif des

dix petits d'une même nichée appartenant à Icarine, et
pesés vingt-quatre jours après la mise-bas :

$$
\begin{array}{lll}
\text{1}^{\text{er}}\ \text{petit.} & 297\ \text{grammes.} \\
\text{2}^{\text{e}}\ \ id. & 289 & id. \\
\text{3}^{\text{e}}\ \ id. & 244 & id. \\
\text{4}^{\text{e}}\ \ id. & 218 & id. \\
\text{5}^{\text{e}}\ \ id. & 190 & id. \\
\text{6}^{\text{e}}\ \ id. & 169 & id. \\
\text{7}^{\text{e}}\ \ id. & 151 & id. \\
\text{8}^{\text{e}}\ \ id. & 123 & id. \\
\text{9}^{\text{e}}\ \ id. & 114 & id. \\
\text{10}^{\text{e}}\ id. & 110 & id.
\end{array}
$$

Les trois premiers furent sevrés le jour même où on
les pesa ; trois autres le furent trois jours après, et les
quatre derniers restèrent avec leur mère jusqu'au trente-
huitième jour, époque où ils avaient presque doublé de
poids.

CHAPITRE VIII

LAPEREAUX DU SEVRAGE ET DES AUTRES DIVISIONS

Le lecteur connaît déjà la manière de se comporter à
l'égard des lapereaux des divers âges (*Voyez* chap. III),
nous n'avons donc que peu de chose à en dire ici.

Chaque éleveur, selon la localité et la distribution
des bâtiments où il a établi sa garenne, aura à former
des compartiments pour ne mettre dans chacun d'eux

que des lapereaux du même âge; plus il multipliera le nombre de ces compartiments ou loges communes, et mieux il réussira.

La règle générale que nous venons de poser est suffisante; chacun peut distribuer les compartiments comme il l'entendra, et nous n'avons prétendu que donner un exemple qui se rapportât à la méthode que nous suivons quand nous avons parlé des divisions du sevrage, des transitins, des primins, des secondins, des quartins, des adultes, de l'engrais et de la réserve. L'essentiel est que les lapereaux ne soient jamais trop nombreux dans chaque loge, qu'on sépare de bonne heure les mâles des femelles, et qu'on ne fasse aucune mutation dans les communs après l'âge de trois mois, de crainte d'introduire chez eux le trouble et la discorde.

Il faut ménager de telle manière leur passage d'une loge commune dans une autre, qu'ils aient atteint l'âge de six à sept mois quand ils passent aux adultes. C'est dans cette division que l'on puise pour les ventes et pour l'engrais. C'est encore là que l'on prend les plus beaux sujets pour les mettre en réserve lorsqu'on a quelque mâle ou quelque femelle à remplacer pour la production. C'est là enfin, que l'on fait choix des sujets supplémentaires (*Voyez* chapitre VI.)

Quelques éleveurs nous ont demandé s'il y avait plus de mâles que de femelles dans les nichées; pour eux, ils avaient cru le remarquer : nous devons dire qu'il y a autant des uns que des autres, peut-être un peu plus de mâles. C'est après tout une circonstance de nulle importance.

Si on a de l'emplacement, des fourrages et ce qu'il faut pour conserver plus longtemps les lapins en garenne, on gagnera beaucoup à ne les porter au marché qu'à sept ou huit mois (1). A cet âge, en effet, ils sont plus gros, s'engraissent plus facilement et donnent une chair plus nourrissante, parce qu'elle est plus ferme et plus animalisée : ils sont donc d'un prix plus-élevé. Remarquons ici qu'il ne s'agit que des lapins de race commune, et non de ces variétés qui atteignent le poids de 5 à 6 kilogrammes.

Or, il y a deux sortes de lapins à l'engrais : ceux qui sont entiers et ceux qui sont coupés. Les lapins entiers deviennent moins beaux et moins gras, et sont d'un goût moins délicat que ceux que l'on coupe à l'âge de six mois; car ceux-ci n'éprouvent plus d'autres besoins que ceux de manger et de dormir : deux choses qu'on leur demande uniquement et dont ils s'acquittent à merveille. Quant aux jeunes lapins, on ne doit pas les engraisser avant cinq à six mois; et, si par aventure ils s'engraissent, leur graisse ne persiste pas; il arrive même qu'ils périssent de la diarrhée quand on ne s'en débarrasse pas assez tôt.

Après six mois d'âge, il est bien difficile, pour ne pas dire impossible, de conserver dans une même loge plusieurs jeunes mâles seuls; ils se querellent et s'écorchent sans pitié, et l'on en perd plus d'un par suite des blessures qu'ils se font. Il faut donc les couper pour les faire demeurer ensemble, ou bien les mettre séparé-

---

(1) L'on doit savoir que jusqu'à huit ou neuf mois, un lapin gagne au moins 30 centimes par mois, à dater du sevrage. Ainsi, au sortir du sevrage, un lapereau vaut 30 centimes : il a alors deux mois; à trois mois, il vaut 60 cent., etc.; enfin, à huit mois, il vaut 210 centimes, ou 2 fr. 10 cent. Il peut augmenter d' prix encore plusieurs mois, si l'on y apporte les soins nécessaires.

ment dans de petites loges de 30 à 40 centimètres carrés, qu'on peut établir au-dessus du sol, contre le mur, au-dessus des loges communes. La même chose n'a pas lieu pour les femelles.

Au sujet des femelles, nous répéterons une remarque importante : c'est qu'elles ne conservent pas la même fécondité quand elles deviennent grasses; on ne peut pas compter sur elles pour la production.

CHAPITRE IX

NOURRITURE

Le lapin, étant un petit animal, jouit d'une grande intensité vitale. Il fait tout plus vite qu'un mouton, par exemple; mais il ne consomme pas autant que la plupart des animaux de sa taille, parce qu'il est d'une complexion lymphatique (1). Comparé à des animaux plus grands, le lapin exécute rapidement ses fonctions : elles se succèdent presque sans interruption (2).

---

(1) Son éducation bien entendue a pour résultat de corriger cet état lymphatique par l'alimentation, par les excitants accessoires, et par la régularité des digestions. Ces moyens tendent à lui donner un sang rouge, plus vif, une chair plus ferme.

(2) Les deux extrêmes se rapportent à l'âge au-dessous d'un mois, et à l'âge adulte chez le lapin coupé et gras. En prenant le terme moyen, nous trouvons que le lapin respire cinquante fois par minute (l'homme dix-huit fois), que son cœur bat cent trente fois dans le même temps (chez l'homme soixante-douze fois). Le chiffre de la respiration est donc le quart de celui de la circulation. C'est

Livré à lui-même, cet animal mange beaucoup (1); il dort davantage quand il est isolé, il fournit ainsi sans tant de frais à ses dépenses organiques. Sitôt qu'il a mangé, il se couche à plat ventre, appuie son museau sur ses deux pattes de devant et s'endort ; sommeil léger, il est vrai, mais qui du moins procure un repos complet dix fois renouvelé en un jour.

Les règles sur l'alimentation des lapins découlent toutes de considérations de ce genre ; telles que nous allons les poser, elles seront comme le corollaire de tout ce que nous avons dit jusqu'ici :

1° L'heure des repas doit être réglée, et même annoncée par le son d'une clochette.

Ces animaux s'habituent facilement à ce signal, et ils l'attendent sans être aussi souvent dérangés par les visites et les actes de surveillance dont ils sont l'objet, car les moindres bruits extraordinaires interrompent leur repos et les mettent en alerte dans l'attente d'un mets plus friand. Ainsi, l'habitude d'entendre le son d'une cloche, coïncidant avec la distribution des vivres, a pour effet favorable de rendre leur vie plus monotone et plus tranquille.

Cette distribution se fera trois fois par jour, ni plus ni

---

pour l'homme un principe de séméiotique généralement admis. Au moyen d'aliments variés et colorés, on peut se convaincre que la digestion complète, chez le lapin, s'opère en deux heures environ.

Et puisque nous parlions tantôt de maladies, ajoutons qu'une plaie (celle de la castration bien faite, par exemple) se cicatrise en vingt-quatre ou trente-six heures ; et qu'il ne faut que trente-six heures à l'inflammation grave pour amener la mort.

(1) Non pas autant qu'un mouton, comme quelques personnes se plaisent à le dire. On verra bientôt ce que pèsent ses rations. Un lapin, dont les repas sont réglés, mange beaucoup moins et se porte beaucoup mieux.

moins; matin, midi et soir. Depuis l'âge de trois mois jusqu'à celui de six à sept mois, au moment où leur destination est fixée, on aura avantage à ne leur donner que deux fois en vingt-quatre heures, le matin et le soir.

2° On habituera tous les lapins, depuis leur bas âge, à manger de tout indistinctement : herbes fraîches et sèches; rameaux d'arbres, feuilles sèches, fruits, graines, racines, tiges de plante de jardin après les récoltes, épluchures, croûtes de pain, etc.; car tout leur est bon. Le manque d'habitude seul peut leur faire refuser quelque mets, et souvent le meilleur; ainsi, tel lapin ne mangera pas de pommes de terre, tel autre ne touchera pas au pain, etc. Nous n'ignorons pas que la faim leur fait surmonter toute répugnance, mais il vaut mieux ne pas les exposer à passer une mauvaise journée.

Il est si vrai que les lapins peuvent manger de tout, qu'ils dévorent même les plantes vénéneuses quand la faim les presse. Nous avons fait maintes expériences à cet égard. Du reste, la paille a pu suffire pour nourrir des familles de lapins pendant plusieurs mois.

Une lapine pleine fut mise dans un petit grenier où il n'y avait qu'un reste de paille et de foin de l'année précédente; elle y fit ses petits et ils vécurent avec elle pendant trois mois sans paraître souffrir de ce régime si sec et si austère.

D'autre part, nous avons habitué une lapine à manger tous les matins une soupe aux légumes, prise des restes de la cuisine. Cette bête se portait à merveille et était d'une fécondité remarquable. A midi, elle avait des herbes et des fruits, et le soir des restes de table, tels que de la pomme de terre frite; elle rongeait très-bien les os de côtelettes, à cause du sel, etc.

Un lapin fut nourri dès l'âge de trois mois des restes de la table; il mangeait de tout, excepté de la viande et du poisson. Il était surtout devenu gourmand des débris d'omelettes et de fritures; mais il faut avouer qu'il avait conservé une prédilection marquée pour la salade. Après trois mois de ce régime, il était devenu fort beau et fort gras, lorsque la diarrhée le saisit tout à coup, et il mourut en quarante-huit heures, dans un état de putréfaction commencée.

D'un autre côté, nous en avons nourri presque exclusivement avec du marc de pomme ou de raisin salés, et avec celui de betteraves, également salé, sans provoquer de tels inconvénients; mais ils étaient fort maigres. Quant à la pulpe de pomme de terre dont on a extrait la fécule, à celle du sorgho à sucre et autres substances dont on a extrait le suc, et surtout des graines oléagineuses dont on a extrait l'huile, elles contiennent encore assez de principes nutritifs pour faire partie de la nourriture des lapins conservés pour la reproduction.

3° Il faut laver l'herbe sale ou couverte de terre, les betteraves et autres racines; sans cela ils en gaspillent beaucoup. Cependant, les précautions les plus ordinaires dans la cueillette des herbes suffisent pour dispenser de les laver, même quand on veut les faire sécher et les conserver pour l'hiver : par exemple, ne pas en cueillir dans les terres remuées, ou quand il pleut.

Les pommes de terre doivent être bouillies (1). Il

---

(1) La pomme de terre contient un principe âcre et vénéneux; on sait qu'elle appartient à une famille vénéneuse (les *solanées*). Ce principe du tubercule est détruit par la cuisson. Quant à la tige et au feuillage de la plante, les lapins les

n'en est pas de même du topinambour, dont ils sont friands.

Certains arbrisseaux épineux exigent aussi une préparation : la ronce, par exemple, doit être grossièrement hachée et l'ajonc concassé ; sans cela ces végétaux, qui constituent pour les lapins une excellente nourriture, ne peuvent leur être distribués que difficilement ; enfin les troncs de chou doivent être partagés en quatre, à cause de la moelle, qui fait leurs délices, etc.

4° Chaque loge aura son petit râtelier ; on en placera dans les compartiments de chaque commun, afin que tous les lapins puissent manger en même temps sans être trop serrés. Il ne faut pas même excepter les lapereaux du sevrage.

Des râteliers appropriés au nombre et à l'âge des lapins, dans les diverses loges et dans toutes les divisions, ont pour premier résultat d'économiser les trois quarts de la nourriture. (*Voyez* le plan, p. 24.)

Nous avions d'abord adopté une espèce de lacet en fil de fer pour y suspendre la ration de fourrage, et des petites mangeoires pour y mettre les grains et les menus vivres. Les mangeoires, nous les avons conservées ; on peut les faire adhérentes à la boîte à nicher ; dans tous les cas, elles doivent être basses et étroites (1), afin que les lapins ne puissent pas se mettre dessus. Pour les communs, les mangeoires seront d'une longueur proportionnée au nombre des lapins, qui doivent pouvoir

---

mangent très-bien, même quand on les a fait sécher. C'est une précieuse ressource. Dans la pomme de terre, tiges et tubercules, tout est bon.

(1) On pourrait se servir de mangeoires faites en forme de trémies pour le rains et le son.

manger tous à la fois dans chaque compartiment; mais ils peuvent s'en passer. Ce n'est du moins que dans des circonstances rares et extraordinaires, qu'on aurait à leur donner des grains.

Quand au râtelier-lacet, nous l'abandonnâmes bientôt : il fallait beaucoup trop de temps pour attacher une poignée de foin ou d'herbes à son nœud coulant à chaque distribution. Nous essayâmes donc d'un râtelier en forme de caisse, que nous dûmes encore abandonner, et nous en vînmes à la forme des râteliers ordinaires.

Ces râteliers, fort simples, peuvent être rangés dans chaque compartiment contre les parois et sur une longueur suffisante, pour que tous les lapereaux y trouvent place.

Voici les précautions à prendre : les barreaux en bois, de 2 ou 3 centimètres de diamètre, seront plus ou moins écartés les uns des autres, suivant la grosseur des lapins qui doivent y manger; un écartement de 3 centimètres et demi pour le sevrage est suffisant : cette distance sera de plus en plus considérable pour les transitins, les primins, etc., jusqu'à celle d'environ 6 centimètres pour les gros lapins : adultes, femelles et mâles. Au lieu de barreaux longs, on peut user de petites lattes pour les confectionner. Le fil de fer fait très-bien.

Ce râtelier ne touchera pas la terre; autrement, les lapins n'auraient rien à faire de plus pressé que de gratter à qui mieux mieux, et d'en tirer toute l'herbe pour la répandre sur le sol et la fouler aux pieds, et l'on sait qu'il n'y a qu'une faim excessive qui puisse les porter à manger quelque chose qu'ils ont ainsi foulé aux pieds. L'exhaussement du râtelier au-dessus du sol est donc nécessaire; il suivra aussi la proportion de l'accroissement des lapereaux : il sera de 10 centimètres pour le sevrage, en augmentant jusqu'à la hauteur de 30 à 35 centimètres pour les adultes. De cette manière, ils seront tous obligés de se dresser sur leurs pattes de derrière pour y atteindre; ils ne s'y présenteront pour manger que quand ils en auront besoin, car ils n'aiment pas la gêne, et ils ne gaspilleront pas leur nourriture, parce qu'ils ne pourront pas gratter commodément.

Dans les communs, on pourra, au lieu de divisions en treillage pour chaque compartiment, obtenir le même résultat au moyen d'un râtelier double qui servirait à faire les séparations, et où les lapereaux viendraient manger des deux côtés sans se mêler.

Les râteliers des mâles et des femelles seront construits d'après les mêmes principes : il suffira qu'ils puissent contenir une bonne poignée d'herbes, et on fera bien de les fixer contre la porte de chaque loge, afin qu'il ne gênent pas la personne qui les nettoie.

Pendant que les femelles ont encore leurs petits, il est bon que ceux-ci s'habituent peu à peu à la nourriture solide. Durant l'été, lorsqu'on leur retire la case à nicher de bonne heure, les petits commencent à manger vers le quinzième jour; en hiver, quand on les laisse sortir d'eux-mêmes de la case, ils ne mangent guère avant le vingtième jour. Or, il doit s'écouler dix ou quinze jours pour le moins, avant qu'ils soient sevrés, et plus ils mangeront pendant ce temps-là et moins ils épuiseront la mère, moins aussi ils seront affectés par le changement de régime. On peut leur jeter quelques herbes particulières en même temps qu'on fait la distribution générale; mais la voracité de la mère les en privera ordinairement. Il est vrai qu'en mangeant au râtelier, celle-ci laisse toujours tomber un peu d'herbe; cependant, l'on pourrait ménager dans la loge un petit recoin, en liteaux assez écartés les uns des autres, pour permettre aux petits de passer. On y mettrait l'herbe qu'on leur destine, et ils iraient l'y manger sans que la mère pût y atteindre.

Encore une fois, nous prions le lecteur de nous pardonner ces menus détails; mais nous voulons être pratique, et c'est précisément par les petites choses qu'on assure les grands résultats. Continuons :

5° On ne donnera jamais d'herbe mouillée; on évitera même de donner, pendant toute une saison ou plusieurs fois de suite, de l'herbe fraîche ou des substances trop aqueuses. Quant aux petits, il ne faut leur en donner qu'avec parcimonie, sinon ils éprouveraient facilement les mêmes effets que s'ils vivaient d'herbe mouillée, c'est-à-dire le dégoût et l'hydropisie. Néanmoins, si pendant les chaleurs de l'été, ou même en d'autre temps, leur nourriture principale devait consister en fourrages secs, il faudrait quelquefois les humecter en les aspergeant d'eau salée.

On peut se servir de temps à autre de ce moyen pour leur administrer du sel, qui leur fait beaucoup de bien, rend leur chair meilleure, leur donne de l'appétit, et peut même les empêcher de tomber dans l'hydropisie; ils l'aiment assez pour lécher instinctivement les murs recouverts de salpêtre. Et quand ils sont ennuyés de manger des substances sèches, comme les rognures de haies, les feuilles, les chardons, le foin, la paille, les marcs divers secs ou humides, on les leur rend délicieux en les imprégnant d'eau salée.

L'automne peut devenir pour les lapins une saison meurtrière lorsque, malgré l'humidité de l'atmosphère, on continue à leur donner trop d'herbes fraîches. Cette saison peut aussi leur être nuisible quand au régime de l'herbe fraîche succède brusquement un régime sec. Il suffit de signaler ces inconvénients pour mettre sur la voie de les faire disparaître.

Enfin, faut-il leur donner de l'eau ? on le peut dans les grandes chaleurs, et l'on se trouvera bien de leur servir du sel en même temps.

6° Il est utile de ne pas leur donner longtemps la même nourriture ; les lapins aiment la variété. L'éleveur peut facilement les satisfaire ; c'est même un besoin pour lui.

7° Il y a un abus assez commun qu'il faut éviter absolument : c'est le privilége. Il est assez ordinaire de se laisser aller au plaisir de donner des morceaux friands aux uns et non aux autres ; c'est la destruction de la société cuniculaire. Aucun repos pour la lapine qui n'a que du foin devant elle, et qui entend grignoter une tranche de betterave succulente à sa voisine ; elle monte et descend de sa case, elle fourre sa tête entre chaque barreau, elle va, elle vient, elle marche sur son nid, elle foule ses petits aux pieds sans y prendre garde, elle n'a que la betterave en tête ; et, qui plus est, elle attendra avec impatience que son heureuse voisine mette le nez entre les barreaux pour le lui fendre d'un coup de griffe, si elle peut l'attraper. Du reste, elle gaspillera son manger, elle sera maussade, et peut-être elle en viendra jusqu'à battre ses petits.

Il faut bien se garder de commettre envers ce petit peuple l'abus des *extra*. On aime à voir manger ses lapins avec appétit, on s'amuse à regarder leurs petites manières; pour cela on vient dans l'intervalle des repas leur apporter une poignée de laiterons, des feuilles de chou, des pommes de terre, quelques morceaux de betteraves, et l'on ne fait pas attention qu'on les rend gourmands jusqu'à négliger la nourriture commune. Si ces actes arbitraires se répètent, voici ce qui arrive : dès qu'ils entendent parler et qu'ils comprennent la voix de leur imprudent bienfaiteur, ils quittent tous le râtelier; ils cessent de rechercher les brins d'herbe épars sur la litière ; les voilà debout sur leurs pattes de derrière et attentifs à ses moindres mouvements : s'il tarde à leur donner la pitance de surérogation, ils sauteront, feront du tapage, comme pour lui faire croire qu'ils meurent de faim, et ne se tiendront tranquilles que quand il leur aura jeté quelque bonbon. Dans les divisions des lapereaux, ce sera bien autre chose : ils accourront tumultueusement au-devant de lui, s'entasseront pour attraper ce qu'il leur jette, et se poursuivront jusqu'à ce qu'ils se soient mutuellement visités pour s'assurer qu'il n'y a plus rien à croquer.

En attendant, l'herbe qu'on leur a régulièrement distribuée reste là et leur cause du dégoût, et alors ils s'amusent à la gaspiller; car s'il est vrai, comme on ne peut en douter, que le lapin soit l'animal le plus sobre, il n'est pas moins vrai qu'il peut devenir l'un des plus gourmands, qualités assez opposées et susceptibles de se développer assez promptement pour embarrasser pas mal les phrénologistes.

8° La distribution devra se faire toujours par les

mêmes personnes. Elles donneront tantôt plus, tantôt moins aux diverses divisions, suivant leurs besoins (1); elles varieront la nourriture, elles observeront surtout les sujets en loge, connaîtront, à leurs crottins (page 86) et à leurs habitudes, les changements qui pourraient être survenus dans leur santé; elles auront égard aux divers états des lapines et aux variations que subit leur appétit, suivant les fatigues de la maternité; enfin, elles agiront en tout avec plus de discernement et plus d'à-propos.

Il nous faut maintenant dire quelque chose de la qualité des diverses substances propres à la nourriture des lapins suivant leur destination.

Les femelles qui nourrissent, doivent avoir des betteraves, des navets, des topinambours, des choux, des troncs de choux divisés en quatre, des épluchures de cuisine, de la laitue prête à fleurir, de la chicorée, des laiterons, et tout ce qui peut augmenter la sécrétion du lait. L'orge, les glands, le blé noir ou sarrasin, les faînes sont très-utiles; avec l'herbe de vesce et de trèfle, ces graines corrigeront l'effet débilitant du régime humide, sans nuire à l'abondance du lait.

Aux mâles, il convient de donner surtout : du cerfeuil, du persil et autres plantes aromatiques pour les tenir dispos; des herbes amères qui les fortifient en les nourrissant; par exemple : la petite centaurée, les laiterons, les plantes de la famille des flosculeuses, les

---

(1) Les lapins ont trop à manger quand ils ne touchent pas au rameau d'arbre vert qu'on leur jette. Ils n'ont pas assez à manger, ou l'herbe qu'on leur donne est mauvaise, s'ils ont enlevé d'un repas à l'autre toute l'écorce de ce rameau : c'est un signe auquel on peut se fier.

racines d'une foule de plantes, et aussi des pepins de raisins, du sarrasin ou blé noir, de l'avoine, des croûtes de pain, etc.

On devra faire aussi un choix pour les lapereaux du sevrage, et, par-dessus tout, on se réglera sur la nature; leur régime ordinaire pourra se borner aux herbes tantôt moitié sèches, tantôt fraîches, mais nullement humides. Ces herbes seront la vesce, la luzerne, le chou, le céleri, le cerfeuil, la chicorée et toutes les plantes champêtres amères ou astringentes et tendres : laiteron, pissenlit, aigremoine, etc.; ils mangent aussi avec plaisir le genêt, l'ajonc, le genévrier, le chêne, le saule, le peuplier, etc. Enfin, il ne faut pas négliger de leur donner un peu d'avoine de temps en temps, et suivant les circonstances d'âge et de saison.

A mesure qu'ils grandissent, et au sortir du sevrage, on leur retranche peu à peu les herbes de choix et on les réduit aux herbes communes : émondages des haies, branches d'arbre, débris de jardinage, ronces, chardons, rameaux d'arbres, marc de pommes salé, pepins de raisins; fourrage, paille, bruyère, avec quelques plantes aromatiques et un peu de sel jusque après la mue.

Nous venons de parler principalement des établissements considérables pour lesquels on ne saurait toujours se contenter des herbes champêtres ramassées pendant l'année, et de tout ce que l'on peut se procurer en dehors d'une culture spéciale; cependant, de quelque manière qu'on nourrisse les lapins, on doit donner à leurs diverses divisions ce qui leur convient le mieux : aux lapines, une nourriture qui les soutienne et qui pourvoie au lait; aux lapins à l'engrais, dont nous par-

5.

lerons dans le chapitre XI, des substances qui les engraissent et qui leur communiquent une saveur délicate, et ainsi des autres.

Mais, chose remarquable, les personnes indigentes qui élèvent quelques lapins, obtiennent de fort beaux résultats avec des soins et une nourriture très-ordinaires. C'est qu'en petit nombre, les lapins sont moins sujets aux maladies. Dans ce cas, redisons-le, les chardons, les ronces, les arbustes, les branches d'arbres, suffisent amplement aux lapereaux après la mue, jusqu'à l'engrais. Nous en avons vu prospérer quoiqu'ils fussent nourris seulement avec de la paille et de la bruyère, pendant cette période de leur vie.

CHAPITRE X

MALADIES — HYGIÈNE — MÉDICATION

Le lapin domestique a deux époques critiques : le sevrage et la mue; toutefois, la mue n'est dangereuse que pour les lapereaux faibles qui n'ont point été suffisamment allaités. Ceux qui se trouvent dans ce cas, s'ils ne succombent pas durant le premier mois qui suit leur séparation d'avec leurs mères, périssent du deuxième au troisième mois, par suite du travail organique qui a pour résultat la naissance d'un nouveau poil; et s'ils échappent à la mort, ce n'est qu'après avoir passé par tous les degrés du marasme; encore sont-ils plus faibles et plus défaits à six mois que les lapereaux de cinq mois dont l'organisme n'a pas souffert.

Quand ils sont soustraits trop tôt à leurs mères, les petits peuvent encore souffrir du froid dont ils étaient garantis par le nid, et ils en sont d'autant plus incommodés, que le changement opéré dans leur régime alimentaire est plus brusque.

Si à ces causes se joint l'excès d'une mauvaise nourriture, qui seul peut tuer les lapereaux les plus robustes, ils ne pourront que succomber.

Enfin, leur accumulation dans un seul compartiment nuit à leur santé, parce qu'ils se serrent et se pressent les uns contre les autres, et parce qu'il y en a dans le nombre qui, toujours prêts à faire toute autre chose que les autres, entretiennent le trouble et l'agitation.

Nous craindrions de fatiguer le lecteur par le récit des expériences que nous avons faites pour bien juger de l'influence de ces diverses causes. Nous les résumerons donc en disant qu'elles portent, en trois reprises différentes, sur trois cent onze lapereaux sevrés à diverses époques, provenant de lapines de divers âges et de grosseur différente, et enfin nourris diversement.

Le résultat a été la mort de treize petits, tous soumis à l'influence simultanée des causes énoncées plus haut. Quant à leur action isolée, la plus nuisible c'est celle du sevrage prématuré. Ainsi, dix-neuf lapereaux formant deux nichées, et sevrés à vingt-deux jours, sont morts dans le marasme avant cinq semaines; six autres petits, provenant de deux nichées, ont vécu et ont toujours été beaux, quoique sevrés au même âge que les précédents, parce qu'ils avaient eu du lait en abondance.

Sur trente-six petits sevrés à vingt-cinq jours, quatorze

périrent avant d'avoir atteint l'âge de trois mois. Il en
est même mort six sur vingt-huit sevrés à vingt-huit
jours vers la fin de l'hiver.

La faiblesse des mères vient en seconde ligne, comme
cause de mortalité, avec le vice d'alimentation.

Sur quatre-vingt-cinq lapereaux sevrés du vingt-
huitième au vingt-neuvième jour, divisés en deux sec-
tions et provenant de mères trop jeunes et chétives, ou
de nichées trop nombreuses et nourries avec de l'herbe
toujours fraîche et de la laitue qu'on leur jetait à chaque
instant du jour, il en est mort dix-sept du premier au
second mois, et dix-neuf du second au troisième mois.

Le froid, surtout le froid humide, est plus funeste
encore dans le bas âge. Treize petits, bien allaités et
fort beaux, sevrés à trente jours et jetés dans un recoin
obscur, froid et humide, sont morts presque en même
temps, en moins d'un mois; seize autres, moins forts et
qui n'avaient pas été suffisamment allaités, y moururent aussi, et plus rapidement.

Enfin, de quatre-vingt-quinze lapereaux réunis dans
un grand appartement, cinq moururent étouffés. Ils
étaient toujours réunis en tas pendant la nuit, et, quand
on leur donnait à manger, ils se pressaient avec une
ardeur incroyable autour de la nourriture, au point que
ceux qui se trouvaient au milieu étaient aplatis.

Allant plus loin, nous avons fait l'ouverture de tous
ceux qui ont succombé. Les lésions que nous avons ob-
servées dans ces petits cadavres répondaient parfaitement à l'idée que l'on doit se faire du mode d'action des
causes morbides auxquelles nous les avions soumis.
Ainsi, ceux qui avaient éprouvé leur influence simultanée nous ont offert des injections dans toutes les mem-

branes muqueuses, des inflammations et des hépati-
sations du poumon, des arborisations de l'estomac
et des intestins; tous les signes d'un typhus, en un
mot, car le cerveau était aussi quelquefois injecté, et
d'autres fois, il était devenu le siége d'un épanchement
séreux.

Quand ils étaient morts à la suite d'un sevrage prématuré ou de causes agissant de la même manière, leurs
cadavres dénotaient une émaciation complète, et leurs
intestins étaient encore bourrés de nourriture; il s'y
joignait çà et là quelques vascularisations internes.

Dans les cas de suffocation, nous rencontrions les
poumons et le cerveau gorgés de sang noir, quelquefois
sans autre lésion; mais lorsqu'ils avaient succombé au
froid humide, nous n'avons rien trouvé qui différât des
ravages de l'hydropisie, dont nous allons parler.

Parvenus vers l'âge de deux mois, époque de la mue,
les lapereaux faibles meurent souvent avec tous les
symptômes de la cachexie séreuse; le poil se hérisse et
tombe, les yeux s'entourent de croûtes, le ventre s'en-
fle, et ils périssent hydropiques. Dans ce cas, nous avons
trouvé de la sérosité, non-seulement dans le ventre,
mais même dans la poitrine et à la base du crâne. La
vessie était aussi constamment gorgée d'urine, et les
membranes muqueuses internes et externes décolorées
ainsi que les chairs. On pouvait déjà remarquer pendant leur vie la pâleur de l'œil et des babines.

Cette maladie ne s'observe jamais chez les lapereaux
qui, après avoir été suffisamment allaités, n'ont pas été
soumis aux causes de mortalité que nous avons signa-
lées; et chez eux, l'époque de la mue n'est appréciable
par aucun trouble.

L'hydropisie ne se montre plus après quatre mois chez les lapins dans des conditions ordinaires : à cet âge, ils résistent déjà à une foule de causes morbides ; et, plus ils avancent en âge, plus ils sont réfractaires à toute espèce de maladies.

Une fois adultes, il faut, pour les faire mourir, les soumettre à l'action des causes les plus délétères pendant longtemps ; encore est-il facile de prévenir leur mort en faisant cesser ces causes à temps : loges malsaines, herbes mouillées, etc., et, en les remplaçant par d'autres d'un effet contraire : habitation saine, nourriture sèche, aromatique et tonique. Règle générale, tant qu'ils ont l'œil brillant, tant qu'ils conservent leur vivacité et que leurs crottins restent durs, on n'a rien à craindre.

La forme et la consistance des crottins sont un signe sur lequel le nourrisseur doit se régler : s'ils ne sont pas durs et réduits en boulettes, la diarrhée existe ou va se déclarer, et la diarrhée est le précurseur de la mort; s'ils sont trop secs, trop luisants et liés en chapelet, il y a irritation.

Dans le premier cas, régime tonique et sec : pain, grains, herbes amères, fourrage sec et salé. Dans le second cas : laitues, herbes vertes.

Pour les lapereaux sevrés nouvellement, il n'en est pas tout à fait de même. Chez eux la diarrhée est plus rapidement mortelle, et l'hydropisie n'a pas le temps de se déclarer. La diarrhée s'accompagne chez eux d'une urine rare, très-épaisse et d'un rouge foncé, dont on distingue facilement les taches sur leur litière; leurs crottins sont en même temps mous, et ce n'est qu'à la fin de la maladie qu'ils rendent les excréments liquides :

quand ils en sont là, avec une maigreur squelettique,
ils sont perdus.

Les causes probables de cette affection paraissent être
leur accumulation dans un même local, et surtout une
herbe altérée par la fermentation, qui se développe très-
rapidement quand on la met en tas avant de la distribuer. Ce qui le prouve, c'est que cette maladie ne se
montre jamais chez les lapereaux nourris avec de l'herbe
bien saine, des fourrages bien séchés et placés dans un
local sec et éclairé.

Quoi qu'il en soit, dès que la mort de quelqu'un
d'entre eux est venue éveiller l'attention, ou qu'on a
aperçu les taches rouges de leur urine sur la litière, il
faut les diviser par bandes de dix à vingt et les mettre
dans un lieu très-aéré et chaud; ce moyen peut suffire (1).
On doit y joindre une demi-diète durant un jour, en les
bornant à quelques tiges de plantes aromatiques, à quelques rameaux de genévrier, de chêne et de saule. On les
met ensuite à un régime plus sec : vesce, luzerne et
herbes sèches ou à moitié sèches, auxquelles on mêlera
des rameaux d'arbres, des choux et quelques herbes
fraîches en fleurs, c'est-à-dire des moins aqueuses et des
plus nutritives.

Pour les lapereaux plus âgés et les lapins faits, on met
encore plus facilement fin aux accidents en leur don-

---

(1) Voici un moyen de guérison certain pour tous lapins ou lapereaux débiles,
atteints de diarrhée, de gros ventre, d'hydropisie :

Prenez : *mine de cobalt* en poudre (mort aux mouches), un gramme; eau,
demi-verre. Imbibez avec cette eau quatre kilos d'herbes fraîches, ou un kilo
d'herbes sèches, et distribuez les en vingt portions. Deux ou trois portions suffisent.

nant des pepins de raisins, des croûtes de pain, des plantes fortes, amères et astringentes, telles que : millefeuille, centaurée, angélique, persil, chardons, quintefeuille, ronce, chêne, sapin, etc., et une des portions mentionnées dans la note précédente.

Quand il fait beau, on peut les faire parquer dans la cour. La chaleur du soleil est un excellent remède pour les lapins, et surtout pour les plus jeunes.

Enfin, on peut dire avec vérité qu'il dépend entièrement de l'éleveur de les préserver de la diarrhée, à moins qu'un climat humide et un local malsain ne s'en mêlent. Nous avons eu des centaines de petits ensemble, sans en perdre un seul, et nous avons élevé des lapins dans certaines contrées où nous n'avons jamais eu deux malades à la fois.

Quant aux accidents morbides qui peuvent menacer la vie du lapin après le premier âge, nous ne connaissons que l'enflure du ventre par excès de nourriture, et la fluxion de poitrine, qui ne se traduit que par de petits soupirs, espèce de toux qui nous a paru incurable, mais heureusement fort rares (1). Ces deux maladies

---

(1) Nous ne voulons pas dire que les lapins ne meurent pas de maladies autres que celles-ci, mais ces cas sont rares. Nous avons cité les maladies accidentelles qui peuvent survenir après le sevrage ; voici un exemple d'un autre cas :

Il nous souvient qu'ayant un jour fait venir une lapine de fort belle race et pleine, le ballottement du transport pendant un voyage de plusieurs heures lui occasionna une vive inflammation, pour laquelle nous ne lui donnâmes que de la laitue et de la pimprenelle. Au bout de sept jours, les membranes de l'œil étaient décolorées ; elle n'était plus oppressée ; son ventre n'était plus résistant, mais elle ne mangeait presque plus. Le huitième jour, elle eut une perte de sang ; les membranes de l'œil devinrent livides ; une ophthalmie se déclara à gauche. En attendant, nous crûmes à la mort des fœtus et à une fièvre putride : médicalement, l'on dirait peut-être typhoïde. Quoi qu'il en soit, nous mîmes la lapine à

n'attaquent guère que les *transitins*. L'enflure provient
surtout de ce qu'ils ne savent pas modérer leur appétit.
On la guérit facilement en les mettant au soleil ou devant le feu, s'il fait froid, et, dans tous les cas, en les
faisant jeûner jusqu'à la cessation du mal. Pour faciliter cet effet, on leur donne quelques feuilles de fenouil
ou quelque autre excitant qui active la digestion et
les débarrasse promptement. Quant aux convulsions,
elles ne constituent pas une maladie particulière, mais
un symptôme des plus graves dans la dernière période
du marasme, qui les emporte à l'époque de la mue, au
milieu d'une enflure hydropique.

Or, les lapereaux sont d'autant plus exposés aux premiers accidents qu'ils sont toujours disposés à manger,
principalement quand ils peuvent changer de nourriture. Ils doivent cette voracité à la maigreur qu'ils
conservent jusque vers le cinquième mois, et qui est
d'autant plus considérable, qu'ils ont été séparés plus
tôt de la mère. Modérée, cette maigreur est normale;
elle est une suite nécessaire de la croissance. La charpente osseuse se développe avec le système cutané aux
dépens des autres systèmes organiques, et c'est pour

---

un traitement très-excitant : elle mangeait le thym, la menthe et l'angélique et
un peu de carottes jaunes avec une certaine avidité. Le troisième jour de ce
régime, elle rendit une masse de fœtus agglomérés et dans un état de putréfaction
avancée, et elle fut guérie.

A ce propos, nous dirons que l'ophthalmie chez les lapines est le plus souvent
dépendante d'une autre maladie plus générale : ainsi, les lapereaux faibles et
cacochymes ont les yeux malades ; ce sont des espèces d'ophthalmies scrofu-
leuses que l'on traite d'après la note de la page 87, tandis que la lapine dont
nous venons de parler avait une ophthalmie putride. La membrane muqueuse
de l'œil est très-étendue et dédoublée chez les lapins, et elle n'en est que plus
disposée à s'affecter.

cela que les jeunes lapins ont le ventre proportionnelle-
ment plus gros que les adultes (1). Bientôt le système
musculaire se développe, et ils n'en deviennent que plus
robustes et mieux disposés à engraisser.

Les considérations physiologiques et pathologiques,
dans lesquelles nous sommes entré jusqu'à présent, sont
de la dernière importance pour la bonne direction d'un
établissement cuniculaire. L'éleveur, une fois mis sur
la voie, aura souvent l'occasion de s'en convaincre et
d'agir par sa propre expérience; car l'expérience personnelle est préférable à tous les traités, quelque par-
faits qu'ils puissent être.

Nous avons constaté qu'il fallait soigner le lapin suivant les climats, car, lorsqu'il fait froid, dans le Nord,
le lapin sauvage se retire en son terrier dont la chaleur
reste supérieure à celle de la surface; et s'il a chaud, en
été, il s'y retire encore pour y trouver le frais. C'est ce
qu'il fait une grande partie de sa vie dans le nord et
dans le midi; et c'est ce que ne peut pas faire le lapin
domestique dans nos clapiers. Voilà pourquoi nous conseillons de leur procurer des cases, des amas de paille,
des recoins où ils puissent se blottir, se retirer, et même
des terriers.

Dans les pays très-froids et dans les pays chauds, l'Al-

---

(1) Jusqu'à l'âge de 4 à 5 mois, les lapereaux sont et doivent être maigres;
ce n'est qu'après cinq mois que les organes abdominaux sont le siége d'un travail
organique, dont le résultat est de produire un sang plus riche, d'où le développement des systèmes musculaire, graisseux et reproducteur. Un lapin qui engraisse à l'âge de 4 à 5 mois est dans un état anormal ; la diarrhée le menace
de près; elle se déclare souvent : *Il se fond*, disent alors les gens de la campagne. C'est une vérité pathologique exprimée en langage populaire.

gérie par exemple, le lapin domestique ne peut prospérer qu'au moyen de terriers véritables (1) ; c'est là qu'il va chercher, non pas la chaleur, mais un peu d'humidité et de fraîcheur. C'est le seul moyen d'éviter que ces animaux soient rongés par une dartre sèche qui les prend par le museau, attaque les paupières et les oreilles, et se propage à toute la peau dont elle fait tomber les poils. Cette espèce de dartre paraît provenir de l'action de la lumière trop vive, de la malpropreté, de la sécheresse de l'air et de la chaleur qui irritent les humeurs.

Nous n'avons pas jusqu'ici prononcé le nom d'épidémie. Les lapins en seraient-ils exempts? Nous croyons que les lapins sont soumis aux épizooties, comme les moutons et autres animaux domestiques, par là même qu'ils sont domestiqués; mais, pendant le long temps que nous avons pu nous occuper de lapins, en Afrique et en France, nous pouvons assurer que les épidémies de lapins, pour peu que l'on suive à leur égard les règles de l'hygiène, sont au moins aussi rares que chez les poules. Nous avons vu parmi eux beaucoup de malades, et quelquefois toute une division; mais toujours nous avons pu rapporter ces maladies à une cause saisissable qu'il était facile de faire disparaître, et dont la cessation éloignait la mortalité, sans même être toujours obligé de donner le grand remède de l'herbe imbibée de poudre de cobalt. (*Voir* la note, page 87.)

Sevrez cent lapereaux à vingt jours, il en mourra cinquante avant l'âge de deux mois, peut-être en une se-

---

(1) Voyez ce qui en est dit au chapitre III, § 4.

maine. Est-ce à dire qu'il y a épidémie dans le sens propre du mot?

Placez cent lapins adultes dans un lieu froid en hiver, dans un endroit froid, humide et infect en tout temps, ne leur donnez que de la laitue pendant le jeune âge surtout, ils mourront diarrhéiques ou hydropiques au bout d'un mois. Est-ce à dire qu'il y a épidémie?

Qu'en automne, après avoir mangé du vert tout l'été, on mette toute la garenne à un régime diamétralement opposé, infailliblement il mourra un certain nombre de lapins en peu de temps par l'effet du brusque changement de régime. Il n'y aura pas là maladie contagieuse, mais maladie qu'on eût dû prévoir et éviter, et qu'on peut éliminer.

Il en est de même à nos yeux pour les cas prétendus de maladies contagieuses; nous n'en connaissons que par des *on dit*, sans que nous soyons cependant autorisé à nier des épizooties cuniculaires telles qu'on le dit. Nous les ignorons.

Enfin les lapins boivent; c'est une observation faite par nous dans le Midi, et surtout en Afrique. Nous avions bien constaté la même chose dans le nord de la France; mais boire n'était pas un besoin réel pour le lapin. Dans le Midi même, ils savent s'en passer. Cependant, nous avions fait de petits abreuvoirs composés d'une pierre carrée, creusée dans le milieu et pouvant contenir un verre d'eau au plus. Le poids de ces abreuvoirs empêchait les lapins de les renverser. Toutefois, l'usage de l'eau semblait diminuer chez les lapines la faculté de reproduction. Quoi qu'il en soit, on peut profiter de cette disposition des lapins à boire pour leur administrer les deux substances que nous avons recom-

mandées pour les poules, le *soufre* surtout : ils s'en trouveront bien à l'époque de la mue et dans les états de faiblesse, d'hydropisie et de langueur; et la mine de cobalt.

Il nous faut maintenant donner un aperçu des plantes
champêtres qui peuvent servir de remède ou devenir
un poison pour le lapin.

PLANTES VÉNÉNEUSES. — La *grande ciguë* et la *digi-
tale*, qui ne se trouvent pas dans le midi de la France;
la *belladone*, qui habite les lieux humides et ombragés;
le *stramonium*, qui fréquente les champs cultivés, mais
le plus ordinairement les jardins, ainsi que la *ciguë des
jardins ;* le *gouet* (pied de veau) et la plupart des plantes
de cette famille (aroïdées), qui se montrent surtout
dans les haies et les taillis; les *euphorbes* (tithymale,
réveille-matin, épurge) et toutes les plantes de cette famille (euphorbiacées), qui croissent dans les bois comme
dans les champs cultivés; les diverses *renoncules*, qui
habitent les terres humides comme les coteaux boisés :
voilà les plantes vénéneuses les plus communes.

Il est inutile de nommer celles qui ne se trouvent que
dans les jardins, comme l'*aconit-napel*, ou même la
mercuriale, dont ils ne mangent jamais. Il est bon que
l'éleveur fasse connaître ces plantes aux personnes
qu'il emploie à ramasser de l'herbe, afin qu'elles n'en
cueillent point. Il serait à craindre que les lapins, pri-
vés par la domesticité d'une partie de leur instinct, ou
poussés par la faim, n'en mangeassent. Il est vrai de
dire qu'ils refusent généralement d'en manger. La ciguë
est la plante qui leur répugne le moins ; mais la plupart
n'y reviennent pas après en avoir brouté quelques fo-
lioles, et, pour preuve, nous venons d'en présenter à

Œdipe, qui est un vieux mâle expérimenté : il nous a arraché la plante des mains avec colère et l'a foulée avec ses pattes.

Heureusement, la plupart de ces mauvaises plantes ne sont pas communes, et celles qui le sont ne se confondent pas facilement avec les autres.

Indépendamment de ces plantes vénéneuses, il en est quelques-unes, telles que le *mouron*, etc., que les lapins mangent assez volontiers, mais qui à la longue seraient nuisibles par une certaine âcreté qu'elles possèdent. Il y a aussi quelques herbes bonnes en elles-mêmes, mais qu'ils ne mangent pas, peut-être à cause de leurs piquants invisibles, comme l'*ortie*, ou de leur duvet, comme le *bouillon-blanc*, les feuilles d'*artichaut*, l'*eupatoire*, *la salicaire*, etc.

Nous devons enfin signaler les arbres dont les feuilles et l'écorce nuisent aux lapins ou les empoisonnent ; les plus communs sont : le pêcher, l'amandier, le laurier-rose et l'if.

Plantes médicamenteuses et nutritives. — Ces plantes bienfaisantes sont plus nombreuses, et aussi incomparablement plus communes. Il convient de les ranger en deux classes : les plantes fortes et excitantes et les plantes amères et fortifiantes.

Plantes fortes. — Toute la famille des ombellifères, à l'exception de la ciguë ; ainsi : *cerfeuil, persil* (1), *céleri,*

---

(1) Nous avons nourri un mâle pendant trois jours avec du persil et des branches d'arbre ; il mangeait environ un demi-kilogramme de persil par jour. Au bout de trois jours, ses yeux étaient injectés et ses crottins très-secs, très-

ache, *angélique* cultivée et sauvage, *fenouil*. Le *fenouil* est d'autant plus précieux, qu'il peut être coupé plusieurs fois dans le courant de l'année; sa racine même est mangée par les lapins. Cette plante a dans toutes ses parties un arome fort et suave, qui est d'une grande utilité pour communiquer aux lapins destinés à la table une saveur recherchée. Le fenouil est vivace; on le sème en bordures, qu'on coupe incessamment à mesure du besoin.

Après les ombellifères viennent les labiées : *thym*, *serpolet*, *sarriette*, *lavande*, *menthe* et toutes ses espèces, *marrube*, *germandrée*, *citronnelle*, etc.; mais, sans contredit, les plus utiles et les plus communes sont le *serpolet*, le *thym*, et la *menthe*.

Enfin, un grand nombre de plantes de la famille des corymbifères, comme l'*armoise*, la *matricaire*, la *menthe-coq* et même l'*absinthe;* de la famille des légumineuses, comme les *pois*, les *vesces*, etc. Toutes ces plantes se trouvent partout; elles sont la plupart fort grandes et donnent beaucoup de rameaux.

Nous ne parlerons pas des herbes aqueuses, rafraîchissantes, comme la laitue, qui convient cependant quand ils sont échauffés, et particulièrement en été.

Plantes amères. — Les *chardons* de toute espèce, les *flosculeuses*, telles que : *laiterons*, *chicorées*, le *ménianthe*, l'*argentine*, l'*aigremoine*, etc.; et, parmi les arbres, les

---

durs et luisants, comme s'ils eussent été recouverts d'une couche de vernis noir. Il était simplement échauffé : c'était l'effet que nous attendions; mais il n'y avait pas empoisonnement. Cette note est pour ceux qui croient et qui écrivent que le persil les empoisonne.

saules, l'*olivier*, le *peuplier*...; parmi les arbustes, la *ronce*, la *charmille*, le *genévrier*...

Un auteur a prétendu que le lapin a des prédilections pour les plantes aromatiques; or, c'est rarement qu'il en broute étant livré à lui-même. Sa prédilection est pour les plantes amères, et pour celles qui végètent dans les terrains secs et sablonneux. Ce sont les plantes qui le nourrissent le mieux et qui l'excitent le plus utilement.

CHAPITRE XI

AMÉLIORATION DU LAPIN POUR LA TABLE

Voici maintenant la méthode par laquelle on obtient des lapins gras, charnus, délicats au goût, ayant même un agréable parfum de venaison.

On se souvient que nous avons indiqué les moyens de les préparer à l'engrais, à l'entraînement, dès qu'ils sont sortis des transitins, par conséquent de la mue. Nous avons dit qu'on les met peu à peu au régime commun, qu'on les réduit aux aliments les plus simples, non pas en les leur fournissant avec profusion, mais en les rationnant de manière à les maintenir dans un état de maigreur qui les rend dispos, nerveux, alertes. Ils sont alors toujours en mouvement, agissent et gambadent sans cesse, c'est-à-dire qu'ils exercent leurs muscles, font de la chair ; et le sel qu'on leur donne de temps en temps améliore cette chair en rendant leur sang plus rouge et plus chaud. Par une raison contraire, leurs intestins ne se développent pas en proportion, puisqu'ils ne mangent jamais abondamment : ils ont donc peu de ventre et plus de chair ; or, c'est la chair qu'il faut produire.

On leur donne donc, durant cette préparation à l'engrais, des aliments qui, sans être recherchés et trop substantiels, contiennent assez de principes nutritifs pour les sustenter sans remplir à l'excès leurs estomacs. Les herbes ordinaires et quelque peu de racines, même un peu d'avoine, de sarrasin, suffiront à remplir le but proposé. On éprouve leur appétit au moyen de rameaux d'arbres verts, dont ils ne mangeront que l'écorce tendre s'ils sont bien nourris, et qu'ils dévoreront entièrement s'ils le sont trop peu. Il faut les établir dans un juste milieu.

Quand arrive l'âge de s'en défaire, celui de six mois au moins, on les isole, à peu près comme l'on fait pour les chapons. On établit dans un recoin obscur des cases très-étroites : par exemple de 20 centimètres carrés en largeur sur 40 de longueur, de 50 même pour les plus gros sujets. On évite les ennuis d'un nettoyage difficile en formant le plancher de ces cases avec de petites lattes, barreaux de fer un peu fort ou de bois, afin que les ordures tombent d'elles-mêmes hors des cases sans salir l'animal. Le devant sera composé d'un grillage auquel on adaptera la mangeoire. On nettoyera celle-ci avant chaque nouvelle distribution. Ce grillage sert de porte. Mais cette installation des cases pour l'engrais est impossible en hiver, parce que les lapins seraient trop exposés au froid : elle n'est bonne qu'en été.

6

De sorte que, durant l'hiver, on se contentera de les traiter pour l'engrais dans les cases ordinaires, avec caisses de refuge et paille suppléant aux terriers, autant que faire se peut.

La nourriture consistera en pommes de terre cuites, carottes et betteraves ; quelques herbes amères : *chicorées, laiterons*, etc.; des herbes astringentes : *quintefeuille, germandrée, rameaux de chêne, de saule, de ronces*, etc. ; des herbes aromatiques : *serpolet, persil, cerfeuil, céleri, angélique, fenouil*, etc.; des graines de ces sortes de plantes : les racines du *céleri*, de l'*angélique*, du *persil*, du *fenouil*.

Ces substances odorantes seront comme les assaisonnements de leurs repas, avec le sel qu'on leur donnera en plus grande quantité pendant la première semaine. La seconde semaine, on cessera l'emploi du sel et l'on appuiera davantage sur les graines oléagineuses : le *maïs*, le *millet*, la *faîne*, la graine de *pavot*. Les herbes amères seront continuées en moindre quantité, et seulement pour entretenir l'appétit de ces animaux. C'est dans ce but qu'on pourra leur donner encore quelques herbes fraîches, moins amères, à un repas seulement.

Mais on continuera à les parfumer avec les plantes aromatiques désignées plus haut. Les baies de genièvre, les feuilles de pin et de genièvre, quand on parvient à leur en faire manger tout le temps de l'engrais en quantité notable, leur donnent un fumet de venaison d'autant plus délicat, qu'ils auront mangé précédemment du sel et de l'avoine remplacés à temps par le maïs ou autre graine oléagineuse.

La plante de laitue en fleur leur est très-favorable dans la première période de l'engrais.

Tout ce système d'alimentation a pour but : 1° de faire prédominer les muscles, la chair, et c'est pour cela qu'on les prépare à l'engrais, comme nous l'avons dit, dès l'âge de trois à quatre mois, et qu'on leur donne un peu d'avoine et du sel; 2° de provoquer une surabondance de graisse par l'isolement et l'obscurité quand c'est possible, et toujours par le repos et les graines oléagineuses ; 3° de donner de la délicatesse et de la saveur à la chair par les aromes du fenouil, du genièvre, etc.

Il est à peine utile de recommander désormais l'exclusion de toute substance à mauvaise odeur, comme le chou...

Un lapin s'engraisse ainsi et se rend digne des meilleures tables en trois semaines ; quinze jours suffisent quelquefois ; quatre semaines de ce régime en font des morceaux délicieux.

Le lapin prend d'autant plus facilement de la graisse : 1° qu'il a mieux suivi le régime selon les règles que nous avons exposées; 2° que son organisme est plus complet.

Il résulte de ce second fait, qu'il est plus avantageux d'attendre l'âge de huit mois pour les soumettre à l'engrais : c'est à cet âge seulement que les lapins ont pris tout leur développement en grosseur et en muscles. On comprend que dès lors le régime de l'engrais leur profite mieux et plus rapidement.

Mais il reste à remplir une dernière et très-importante condition, c'est de faire subir aux lapins la même opération qu'aux chapons. Ils en valent certes bien la peine par leur grosseur supérieure, et par la délicatesse extraordinaire que leur chair doit acquérir.

Cette opération peut être appliquée généralement à

tous les lapins destinés au marché. Nous allons plus loin, elle devrait être une condition indispensable de leur vente. Le lapin serait aussitôt réhabilité dans l'estime des gourmets eux-mêmes.

Le procédé est bien simple : on saisit le scrotum avec ses deux petites glandes, un aide tient l'animal; l'opérateur incise la bourse, et la glande sort d'elle-même tandis qu'on comprime la poche qui la contient. On tire cette glande au dehors jusqu'à ce qu'on aperçoive un appendice de la glande, situé sur le trajet du cordon, à 2 ou 3 millimètres de cette glande : c'est un corps annexe plus petit qu'elle, mais non moins important, c'est l'épididyme. Quand on le tient, il faut pincer le cordon avec deux doigts, au-dessus de lui, près de la plaie. On exerce en même temps une torsion et une traction qui coupe le cordon entre les ongles des doigts. Il faut éviter d'attirer au dehors plus de cordon qu'il ne faut pour ne pas éventrer l'animal. Il suffit d'extraire la glande et son appendice ; puis on agit de même de l'autre côté du scrotum, car il est cloisonné.

Si l'on a bien saisi et maintenu la glande de ce côté, on n'a qu'à l'extraire de la même manière; mais il arrive souvent que, par ses efforts, l'animal est parvenu à la faire glisser et à la retirer dans les tissus; on n'a qu'à profiter d'un moment de calme pour la ressaisir et l'extirper.

Cette opération est plus tôt faite qu'expliquée. Elle demande une minute. L'expérience la plus simple la rend facile et sans aucun danger pour les lapins. Un peu de beurre sur la petite plaie, c'est tout le pansement qu'il faut faire. Pour éviter tout accident, chaque sujet opéré sera placé dans une case, seul, pendant un ou deux jours, Les cases de l'engrais pourront suffire, s'il y en a de libres ; pendant ces deux jours on leur donnera des herbes fraîches, puis on les rendra à leur division, ou à la place qui leur est assignée.

Nous avons fixé l'âge de quatre mois, comme celui qu'il ne fallait pas devancer pour admettre les lapereaux à cette opération ; car, plus jeunes, ils ne laissent pas facilement discerner leur sexe. On ne peut même, avant cet âge, saisir facilement les glandes à extirper. Nous ne savons à quoi songeaient ceux qui ont recommandé de faire l'opération avant l'âge de trois mois. Il est certain que plus on attend, plus elle devient facile : un lapin de six mois ne donne aucun embarras.

Concluons ce chapitre par un exemple : un lapin mâle, de race commune, gris fauve, coupé à cinq mois, fut mis à l'engrais à l'âge de sept mois. A cette époque, il pesait 1 kilo 480 grammes, il était d'une maigreur exemplaire ; jusque là il avait été nourri dès sa sortie des *transitins* avec des herbes de sarclage, de la paille, des rameaux d'arbre et un peu d'avoine et de sel. Il n'avait pas de ventre, et ses muscles faisaient saillie sous la peau, comme des cordes tendues. Il était vif, alerte, nerveux.

Une fois isolé dans sa case étroite et obscure, il ne s'occupa pendant les huit premiers jours qu'à manger de bonnes racines, avoine, fenouil, chicorée, et à sucer du sel. Le huitième jour il fut mis au maïs ; on retrancha le sel, on continua l'usage d'un peu d'herbes et de racines, céleri, pommes de terre, fenouil, pendant quinze jours.

Après ce temps, ce lapin pesait 3 kilos 125 grammes ; il était embarassé dans sa marche, et son poil luisant,

6.

sa peau tendue par la graisse lui donnait l'apparence d'un petit porc. Il fut livré à la cuisine; son foie, très-développé, pesait 270 grammes. Ce commencement de dégénérescence graisseuse du foie promet des résultats précieux par un engrais plus longtemps continué. Nous aurons aussi des pâtés de foies gras de lapins, des conserves de jambonneaux de lapins, des pâtés de chair de lapins. Et déjà nous les avons obtenus. Des lapins ainsi poussés sont d'une rare délicatesse au goût, et composent des pâtés froids excellents.

Quelques éducateurs placent des planchettes à support

contre des piliers isolés ou contre les murs. Le lapin n'a pas la place de s'y mouvoir et l'élévation à laquelle il se trouve le fait tenir coi dans la crainte de tomber. Il y reçoit sa nourriture, et ne s'inquiète nullement; mais il ne faut pas qu'il ait froid.

CHAPITRE XII

FRAIS — PRODUITS

Il est bien évident que celui qui se bornera à élever quelques lapines n'aura aucun déboursé à faire pour leur nourriture : les bois, les champs incultes, les talus et les bordures des chemins et des ruisseaux, lui fourniront ce qui lui sera nécessaire. Le cultivateur pourra utiliser les regains, les débris de jardinage, les tiges de pommes de terre, de haricots, de pois, etc., fraîches ou sèches ; il leur fera ronger les fagots, etc.

Supposons que ces personnes se bornent à six lapines. En ne comptant que sur sept nichées de six petits pour chacune, elles donneront ensemble deux cent quatre-vingt-quatorze petits par an. Mais comme le terme moyen de leur séjour chez l'éleveur n'est que de sept à huit mois, il ne doit jamais en avoir plus de deux cents, parmi lesquels un quart tette encore, et un autre quart mange peu, de sorte qu'il n'a guère qu'une centaine de rations quotidiennes à leur fournir; eh bien! un enfant de dix à douze ans peut le faire, et il demeurera auprès de son père. Les lapereaux se vendront plus ou moins, suivant l'âge qu'ils auront. On peut en vendre quatre-vingts de cinq mois, à 1 fr.; cinquante de six mois, à 1 fr. 30 c.; quatre-vingt-quatorze de sept mois, à 1 fr. 60 c.; et enfin cinquante de huit mois et engraissés, à 2 fr., ce qui fait 384 fr., tout en supposant la perte de quarante lapereaux ; car enfin il faut bien faire la part de la mortalité. L'enfant aura donc gagné à peu près autant qu'une femme de campagne à la journée, et cela dans un exercice en plein air, dans un travail sain, capable de fortifier ses organes et de les développer.

Si les six lapines étaient bien choisies parmi les plus fécondes et les meilleures nourrices, ou si on adoptait la méthode particulière que nous avons exposée en parlant de l'accouplement, et qui consiste à nourrir un certain nombre de lapines surnuméraires, on obtiendrait facilement huit et neuf nichées par an, de sept et huit petits chacune, ce qui augmenterait beaucoup le nombre de lapereaux. En outre, si on attendait pour les vendre qu'ils eussent huit mois et qu'ils fussent engraissés, le produit serait plus que doublé. Nous citons cet exemple en faveur de gens pauvres et qui, en débutant ne peuvent pas attendre. Contentons-nous donc du résultat de 385 fr. pour six lapines ; il est déjà supérieur à celui de 50 fr. par lapine auquel nous avons voulu nous borner en commençant, et nous sommes loin d'exagérer, principalement pour ceux qui n'élèvent qu'un petit nombre de lapines.

Voilà pour les personnes qui voudront opérer en petit, aussi bien que pour des fermiers qui, dans une grande exploitation rurale, voudraient avoir un certain nombre de lapines, sans rien acheter. Par ce moyen, ils vivraient dans une honnête aisance qui rendrait plus facile et plus productive l'exploitation de leur terre, et ils procureraient à leurs enfants un travail léger, dans l'exercice duquel ils puiseraient la santé, l'émulation et une certaine habitude des affaires, sans les captiver du matin au soir comme le fait le travail de fabrique, de manière à s'opposer à leur éducation morale et à leur instruction. Dans une ferme ou deux enfants concourraient au même but, on pourrait faire deux petites installations séparées, et les charger chacun de l'une d'elles, pour exciter leur zèle et leur émulation.

Enfin, les personnes qui n'ont pas de caisses d'épargne à leur proximité, ou qui n'osent pas leur confier de trop modiques sommes, peuvent consacrer leurs petites économies à l'éducation de quelques lapines ; c'est même là, à notre avis, une excellente caisse d'épargne.

Il faut maintenant établir, autant que cela se peut, une balance des dépenses et des produits d'un établissement donné : de cinquante lapines, par exemple, pour l'instruction de ceux qui voudront se livrer à cette industrie. Commençons par évaluer les dépenses de la nourriture.

Exemples de rations pour une lapine et pour un jour.

1°

Matin : Vesce ou luzerne sèches, 60 grammes, et le tronc d'un chou fendu en quatre.

Midi : Pommes de terre, 60 grammes (une ou deux), et un rameau d'arbres ou d'arbuste (1).

Soir : Foin, 90 grammes (une poignée), et un ou deux fruits gâtés.

---

(1) *Arbres :* chêne, sapin et saule de toute espèce, peuplier, noisetier, mûrier, orme, et tous les arbres communs, excepté l'if, l'amandier, le pêcher, les lauriers, etc.

Arbustes : ajonc, genêt, genévrier de toute espèce, bruyère, aubépine, ronces, romarin, pampres de vigne et tous les arbustes communs, excepté le laurier-cerise, le laurier-rose, etc.

2°

Matin : Herbes champêtres, cueillies de la veille, 400 grammes (une poignée), et une poignée d'épluchures, ou de fanes de pommes de terre, haricots, pois...

Midi : Betteraves ou navets, 400 grammes (gros comme le poing), et une pincée de vesce ou de trèfle.

Soir : Herbes champêtres, moitié sèches, 300 grammes, et un rameau vert.

3°

Matin : Herbes champêtres fanées, 400 grammes et une poignée de cosses de pois.

Midi : Avoine, orge, sarrasin ou autres graines, 30 grammes (1), et un pied de racine de céleri.

Soir : Épluchures de cuisine, 400 grammes (une poignée), et un rameau vert.

---

(1) On trouvera peut-être que cette ration est bien minime pour l'avoine surtout, qui pèse beaucoup ; mais plus elle pèse, plus elle contient de principes nutritifs. Il est certain que l'on prodiguerait en pure perte les aliments succulents sur lesquels ces animaux se jettent avec avidité, et dont ils mangent facilement avec excès, c'est-à-dire sans profit réel ; car pour le lapin, cet axiome de Salerne est aussi vrai que pour l'homme : *Non ab ingestis sed a digestis fit nutritio.* Ce qui signifie que la nutrition, et pour le sujet présent l'abondance du lait, dépendent de la manière dont les aliments sont digérés, et non de leur quantité. Ajoutons que l'orge doit être préférée à l'avoine dans les pays secs, chauds ou maritimes ; mais une dose modérée d'avoine peut leur être donnée sans nuire à l'abondance du lait durant les saisons humides et froides. Elle corrige alors le vice de l'humidité et des herbes aqueuses ou moins toniques, et c'est même une raison qui oblige d'en donner quelquefois à tous les lapins dans les localités froides, humides et marécageuses. Dans tous les cas, on doit savoir que l'avoine, administrée à propos, rend les lapines plus fécondes.

Il faut remarquer ici que les lapines qui nourrissent mangent davantage qu'en d'autres temps. Ces rations sont une moyenne.

Exemples de rations de mâles.

1°

Matin : Tiges sèches de pois ou de haricots ou rameaux, et une poignée d'épluchures.

Midi : Herbes de sarclage, 500 grammes, persil ou fenouil, etc., une pincée.

Soir : Chardons et épines (une forte poignée), et une pincée de marc de pommes ou de raisins (1), de betteraves.

2°

Matin : Vesce ou luzerne, 60 grammes (une poignée).

Midi : Rameaux ou feuilles des bois, débris de fruits...

Soir : Herbes sèches ou vieilles, tiges de pois etc., et épluchures ou carottes.

Exemples de rations communes.

1°

Matin : Rameaux verts, épluchures, et un peu de serpolet, fenouil, etc.

---

(1) Le marc de raisin doit être séparé des grappes, qui sont inutiles. Les substances de ce genre, et surtout le marc de pommes ou de poires, sont insipides, et on doit les pétrir avec un peu de sel pour les faire manger, et aussi pour corriger les traces de fermentation. Le marc de pommes doit être soumis à la presse pour être privé d'eau autant que possible.

Midi : Foin et herbes de sarclage.

Soir : Emondages des arbres et des haies, et troncs de choux ou de céleris coupés.

2°

Matin : Foin aspergé avec de l'eau salée et un peu de marc de pommes, de betteraves ou de sorgho.

Midi : Rameaux secs et débris de jardinage.

Soir : Herbes ou fanes de plantes récoltées.

3°

Matin : Herbes moitié sèches, marc de sorgho, de betteraves...

Midi : Herbes fraîches.

Soir : Herbes moitié sèches ou bruyère, ajoncs.

Exemples de rations du sevrage.

1°

Matin : Feuilles de choux, carottes.

Midi : Jarousse, vesces sèches, etc., et un peu de fenouil ou de mélisse.

Soir : Laiterons, traînasse, arroche et autres herbes des plus saines.

2°

Matin : Luzerne, troncs de choux coupés en quatre.

Midi : Herbes de sarclage, avoine.

Soir : Céleri, feuilles de carotte, etc.

Exemples de rations de l'engrais.

1°

Matin : Herbes amères, avoine.

Midi : Luzerne ou autres fourrages, et pommes de terre
ou orge.

Soir : Fenouil ou serpolet, persil, angélique, un peu de
pâtée ou tourteaux de noix et graines oléagineuses, etc.

2°

Matin : Avoine 50 gramm., maïs, racines de céleri, etc.

Midi : Genièvre, plantes aromatiques, pâtée.

Soir : Betterave et céleri, maïs, etc. (1)

Les rations que nous avons désignées ont un prix différent, et plusieurs ne coûtent rien du tout.

Or, ce prix, en donnant tantôt une ration, tantôt une
autre, et en insistant sur les herbes champêtres, ne
peut pas aller au delà de 4 fr. par an pour chaque
lapine.

Trois rations par jour font, dans l'année, mille qua-
vingt-quinze rations. En les calculant d'après les doses
ci-dessus, pour celles qui coûtent le plus, nous avons :
cinq cents rations d'herbes champêtres, deux cents de
fourrage sec, cent cinquante de racines cultivées, cent

---

(1) Voyez chap. XI : Amélioration du lapin pour la table.

d'avoine et cent quarante cinq d'épluchures ou de débris de jardinage.

Cinq cents rations d'herbe, de 400 grammes l'une, donnent 200 kilogrammes, qui peuvent coûter le prix d'une demi-journée de la personne qui les ramasse. » f. 75 c.

Deux cents rations de fourrage, de 60 grammes, à 8 fr. les 100 kil., font 12 kil., et coûtent. . . . . » 60

Cent cinquante rations, de 400 grammes, au prix des betteraves, font 60 kil. . . . . . . 2 »

Cent rations d'avoine, de 30 grammes, à 14 fr. 50 c. les 100 kil., donnent 3 kil.. . . . » 40

Enfin, cent quarante-cinq rations d'épluchures peuvent être évaluées à. . . . . » 25

TOTAL. . . . . 4 f. » c.

On conviendra facilement que les rations des mâles se réduisent à 1 fr. 50 c., puisqu'on ne leur donne rien que de champêtre ou des débris de peu de valeur. Pour les lapereaux des communs, ils peuvent se passer de grain, de betteraves, de pommes de terre, et se contentent de l'herbe, des fagots et de quelques débris de jardinage ; ce qui réduit leur dépense à 25 c.

Soit deux cents lapereaux sevrés à un mois, et gardés encore sept mois dans la garenne ; voici leur dépense :

Premier mois : feuilles de choux provenant des émondages et herbes de choix, et coûtant le prix de cinq journées pour la personne qui les ramasse... 7 f. » c.

A reporter. . . . 7 »

Report	7	»

Deuxième mois : un peu de choux, herbes de jardin. . . . . **7** »

Troisième, quatrième, cinquième, sixième mois : herbes champêtres, rameaux d'arbre, etc., à 5 fr. l'un. . . . . **20** »

Septième mois : herbes champêtres, rameaux verts, bruyère, etc. . . . . **6** »

De plus, durant la dernière quinzaine, un jour l'un, trois rations de graines donnant, pour deux cents lapereaux, 12 kil. de grain. **1 50**

Et quatre rations de racines, donnant huit cents rations simples, dont quatre cents en pommes de terre, ou 4 kil. **1 50**

Et quatre en betteraves. **1 25**

TOTAL. . . . . 44 f. 25 c.

c'est-à-dire près de 25 c. pour chaque lapereau, qu'on vendra à cet âge 1 fr. 50 c.; d'ailleurs, personne n'ignore qu'à sept ou huit mois, un lapin s'engraisse facilement; que, si on veut les pousser à un engrais plus complet, on fera pour eux des dépenses en proportion de ce qu'on les vendra.

Ainsi, cinquante lapines, à 4 fr., dépenseront 200 fr.; cinq mâles, à 1 fr. 50 c., 7 fr. 50 c. : c'est 207 fr. 50 c. pour les sujets destinés à la production.

Voyons maintenant combien cinquante lapines donneront de lapereaux, en ne leur supposant à chacune que sept portées de sept petits : elles en donneront deux mille quatre cent cinquante en trois cent cinquante nichées (1). Or, si la nourriture de deux cents coûte 44 fr. 25 c., celle de deux mille quatre cent cinquante coûtera, compte rond, 550 fr. ; et, en y ajoutant les 207 fr. ci-dessus, nous aurons pour dépense annuelle, la somme de 757 fr.

Que l'on distribue maintenant, ainsi qu'il suit, les deux mille quatre cent cinquante lapins dans la vente:

500, de 4 mois, à »	f.	90 c.	450 f.
500, de 5 mois, à 1		10	550
500, de 6 mois, à 1		30	650
500, de 7 mois, à ·1		40	700
450, de 8 mois et plus, et engraissés, à... 2		»	900
On obtiendra un total de :			3,250 f.

Somme de laquelle il faut retrancher 757 fr. de frais annuels (2). Il reste donc 2,493 fr. de revenu, soit 2,000 francs, en laissant 493 fr. de côté pour l'amortissement des premiers frais, etc.

Ce revenu de 2,000 fr. peut grossir à volonté de plusieurs manières : 1° si l'on ne vend les lapins qu'à l'âge de huit mois environ et engraissés ; 2° si l'on choisit les

---

(1) Le plus souvent, on n'obtiendra pas sept nichées par an d'une même lapine ; mais l'éleveur peut y suppléer par des portées supplémentaires, comme nous l'avons indiqué en traitant de *l'accouplement*. (Voyez chap. VI.)

(2) On comprend que nous ne donnions pas ici le calcul des frais d'installation. Pour quelques lapines, ils sont à peu près nuls ; pour un établissement de cinquante lapines, comme celui dont nous parlons, ils doivent varier selon les dispositions prises par l'éleveur, les bâtiments employés et le genre d'installation.

lapines les plus fécondes et les meilleures nourrices;
3° si l'on en double le nombre par les lapines surnuméraires; 4° enfin, si l'on fait porter les jeunes lapines
avant de les vendre.

Reste le fumier, que nous n'avons pas fait entrer en
ligne de compte; il mérite cependant une place importante parmi les revenus d'une garenne.

En supputant la quantité de fumier produite, sur un
kilo de litière par jour et par lapin, et sur l'augmentation en poids, d'un kilo seulement par kilo, de la litière
réduite en fumier, on en obtient 800 kilos par lapin et
par an; ce qui donne 24,000 quintaux métriques de
fumier par an pour 3,000 lapins, c'est-à-dire douze
cents tombereaux environ.

Le résultat est le même au fond, si on se sert de
marne ou de terre au lieu de litière, qui, dans ce cas,
est un achat de moins à faire.

Ce produit, d'une importance extrême, influant énor-
mément sur la culture qui s'en enrichit, sera apprécié
ce qu'il vaut par les personnes intéressées.

Elles conviendront sans peine qu'il donne une haute
importance à l'éducation du lapin domestique. A notre
avis, le fumier peut payer la personne chargée de la
garenne; et nous ne faisons pas entrer cette dépense
en ligne de compte. Un éleveur attentif y consacrera
une personne active et soigneuse, et organisera sa basse-
cour de manière à l'occuper, sinon avec les lapins uniquement, du moins en y ajoutant l'élève des poules,
des canards, des pigeons pour compléter l'emploi de la
journée.

Mais d'ailleurs, l'éducation des lapins, facile pour les
personnes qui se bornent à un petit nombre, exige,

pour celles qui procèdent sur une vaste échelle, six mois et même un an d'attentions, de soins et de patience avant d'arriver à une installation et une organisation parfaites. Il faut aussi ce temps-là pour acquérir de l'expérience personnelle indispensable. Il n'y a là rien que de très-naturel. Malheureusement, les hommes se lassent vite : six mois, un an avant de recueillir quelque fruit, c'est pour plusieurs un terme bien long! Et, si l'éleveur est constant, il ne manquera pas de voisins, d'amis et de proches qui lui diront : «Quoi! voilà six mois, et vous n'avez encore fait que de la dépense! Où sont ces lapins que vous deviez vendre? A peine en est-il sorti quelques-uns de votre établissement, et le plus souvent morts ou blessés. »

Esprits légers et inconséquents! vous avez assisté aux travaux d'installation de votre voisin; vous avez vu commencer votre ami, votre parent, depuis six mois, il est vrai; mais pourquoi ne voulez-vous pas voir également qu'il a dû consacrer les deux ou trois premiers mois au matériel de l'établissement? Pourquoi ne voulez-vous pas voir que les premières nichées, qui ont à peine six mois, sont justement celles sur lesquelles il doit compter pour les sujets destinés à la production? Laissez-le se mettre en race, laissez venir successivement les autres nichées : avant la fin de l'année votre voisin, votre ami, votre parent vous répondra par des faits qui vous fermeront la bouche. Laissez donc germer la semence : connaissez-vous une récolte qui se fasse le lendemain des semailles?

Nous recommandons surtout à l'éleveur la constance, la patience et les soins minutieux, et c'est par là que nous finissons. La patience, les soins, voilà une monnaie qu'un homme bien avisé dépense volontiers pour faire valoir un fonds productif. Mais, pour les oisifs et les paresseux que les désirs dévorent, et que chaque soir retrouve avec l'ennui du matin, que pourrait-on leur proposer, après qu'ils ont oublié l'arrêt divin qui les condamne au travail : *In sudore vultus tui vesceris pane?* (*Gen.* III, 19.) C'est par son travail que l'homme, ici-bas, doit et peut améliorer son sort, comme il s'en prépare un à jamais heureux dans un monde meilleur par ses vertus.

CHAPITRE XIII

LAPINS ARGENTÉS, ÉLEVÉS POUR LE POIL

Il est une espèce de lapin fort belle, et quant à la grosseur et quant au poil, qui est doux, long et très-beau ; cette espèce, désignée sous le nom de lapins argentés, n'a pas une chair moins bonne, une fécondité moins grande ; elle a de plus une valeur considérable par son poil.

Ce poil a plus de prix que celui du lapin ordinaire dans le commerce, et ce prix donne souvent à chaque peau une valeur de 1 fr. à 1 fr. 20 c.

Le lapin argenté destiné à fournir le poil demande quelques soins particuliers. Ces soins tendent à lui donner un poil long, plus soyeux, plus fourni. Il suffit pour cela d'organiser les cases de manière à ce qu'il puisse habituellement se tenir caché dans un trou chaud, obscur, et même dans un terrier qu'il se creuserait lui-même dans une certaine quantité de terre soutenue par une petite banquette en briques.

D'ailleurs, mêmes aliments, même tenue, mêmes précautions. Mais si l'on veut profiter de la valeur de son poil, on doit le vendre, avec sa peau à la sortie de l'hiver. Les personnes qui en ont peu, ou qui veulent tirer meilleur parti de sa chair, vendent sa peau séparément et n'en obtiennent guère qu'un prix de 30 à 40 c.

L'éducation de ce lapin se ferait très-bien dans une portion de terrain entourée de murs, bien exposée, dont le sol incliné offrirait des abris contre le froid et l'eau. Des meules de foin et autres objets destinés à leur nourriture seraient placés dans ce lieu et suffiraient à leur entretien. (Voyez chap. III, § 4.)

Le moment de la vente arrivé, on les prendrait au filet, ou hors de leurs terriers, qu'on aurait préalablement bouchés. Après la chasse, on laisserait ceux qu'on destine à repeupler la garenne pour recommencer l'année suivante.

CHAPITRE XIV

LAPINS ANGORA ET A LONGS POILS

Le lapin angora se traite un peu différemment que le lapin ordinaire. Ceux qui l'élèvent visent à la longueur et à la finesse de son poil dont ils font commerce, et

qu'ils arrachent à l'animal pendant l'été ou au printemps. A cet effet, on le traite dans des appartements
peu éclairés et dont le sol offre des trous nombreux et
sains, des cachettes sombres où le lapin se tient très-
habituellement, et où, tout en se préservant du froid et
en se cachant, il conserve un poil plus long et plus
soyeux. C'est surtout pour les lapins angoras qu'on devrait établir des garennes avec des terriers, soit dans la
terre des banquettes élevées dans l'appartement où on
les élève, soit dans un sol disposé pour cela. (Voyez
chap. III, § 4.)

Notre expérience tendrait à nous prouver que les lapins ordinaires, traités de la même manière, acquièrent
facilement de longs poils et se confondent avec la race
dont il est question. Nous avons, pendant deux années,
placé un mâle et une femelle à poils gris et courts dans
une loge assez spacieuse et aérée, mais chaude et remplie de poignées de paille disposées de façon à leur offrir
des retraites à l'abri de l'air et de la lumière. Nous avons
placé leurs petits dans des conditions semblables, et
après la deuxième génération nous avons obtenu, dans
la plupart des nichées, des petits lapereaux qui se sont
bientôt montrés avec de longs poils et semblables à
l'angora. Devenus adultes, et leurs poils souvent pei-
gnés, ces lapins ont été magnifiques; ils se sont repro-
duits par leur accouplement entre eux. Leurs poils
retombent des deux côtés du corps en touffes soyeuses
et onduleuses, d'une longueur qui n'est pas moindre
de 10 à 12 centimètres. Un couple de cette race a été
présenté au concours régional du Midi. Il est facile de
voir de quelle utilité peut être une race de ce genre pour
l'industrie.

7.

CHAPITRE XV

DU LÉPORIDE — DES CROISEMENTS

Le léporide! voilà un animal qu'on nous annonce depuis quelques années, tantôt du Nord, tantôt du Midi, presque comme le grand serpent de mer d'un certain journal; et, au moment où j'écris ces lignes, le *Petit Journal* ne vient-il pas aussi nous annoncer à son tour le léporide (numéro du 5 juin 1865)?

Oui, en vérité, le léporide existe, non comme race, mais comme individu. Il est le produit du lièvre et de la lapine. Il y a plus, ce produit n'est pas absolument infécond comme celui du cheval et de l'ânesse, mais il n'en est pas moins un *mulet*.

Les différences qui séparent le lapin du lièvre sont trop tranchées pour espérer, en effet, d'obtenir, de ces animaux, des produits qui se perpétuent et qui forment race.

Le lapin se creuse invariablement et inévitablement un terrier. Après plusieurs générations soumises à la domesticité, et dans des clapiers pavés à brique et à ciment, c'est-à-dire inattaquables aux griffes des lapins, mettez-les sur la terre nue, dans une écurie non pavée, la première chose qu'ils feront après avoir reconnu les lieux, non avec leur nez, mais au moyen de leurs babines délicatement et successivement appliquées à tous

les objets en saillie, la première œuvre de ces lapins
sera de creuser leur terrier.

Le lièvre ne creuse jamais, il ne gratte pas la terre; il
ne profite pas même d'un terrier de lapin ou de renard
pour échapper aux plus grands dangers. Il s'abrite derrière une motte de terre, contre une touffe d'herbes; il
y dort, il y niche, mais il ne se fait pas une demeure ni
un terrier.

Le lapin court mal, par sauts irréguliers, et il se fatigue vite. Le lièvre a de meilleurs poumons, il soutient
très-bien les plus longues fuites. Il faut au lapin l'air du
terrier, un air moins vif, plus chargé d'humidité, plus
uniformément chaud; il faut au lièvre l'air vif et pur
du coteau. Le lapin passe la plus grande partie de sa vie
caché dans son terrier; le lièvre aspire toujours l'air au
soleil et sur les collines; son sang est plus chaud, plus
oxygéné, sa chair noire; le lapin a la chair blanche, un
sang moins chaud, une constitution lymphatique qui
lui permet d'engraisser plus facilement. Enfin, le lapin
sauvage niche jusqu'à cinq fois par an; le lièvre une
seule fois.

On a cependant bien réellement accouplé des lapines
avec des lièvres pris jeunes, apprivoisés autant que possible. On y a mis beaucoup de soins et de persévérance.
Ces animaux, séquestrés par paires, poussés par l'instinct de reproduction, ont enfin produit. Mais ces
résultats d'un accouplement forcé consistent tout simplement en *mulets*, souvent inféconds, quelquefois jouissant de la faculté de se reproduire entre eux pendant
une ou deux générations, mais retombant dans l'im-
puissance et la stérilité.

Voilà pourquoi nous avons dit que le léporide existe

comme individu, non comme race; car il revient à la stérilité du *mulet*, ou à la variété *lapin* pur, après quelques générations, à moins qu'on n'entretienne la puissance fécondante par l'intervention du lièvre; et cela ne peut offrir aucun avantage à l'éleveur, rien qui compense ses soins et ses soucis; d'autant que le léporide n'a aucune qualité qui le recommande, différent en cela de quelques mulets fort recherchés, par exemple, celui qui provient du canard domestique croisé avec le canard de Barbarie.

Nous choisirons cette occasion pour dire quelque chose des croisements. Beaucoup de personnes s'imaginent qu'en croisant les espèces domestiques avec les sauvages, elles doivent obtenir des produits meilleurs ; cela est faux, surtout pour nos animaux les plus domestiqués; car, la domestication consistant en une amélioration de l'animal dans ses mœurs, dans sa chair, dans sa fécondité, tout croisement d'un animal domestique avec un animal sauvage ne peut qu'enlever au premier quelque chose de ses qualités. Il en serait autrement, si l'on voulait redonner à la variété domestique quelque force, quelque énergie inhérente au caractère primitif : ce serait le cas pour les chevaux, les bêtes de trait, mais non pour les animaux destinés à la table.

En ce qui concerne le lapin, il n'y a pas à douter que les diverses races et variétés n'aient été bien des fois croisées entre elles, et qu'elles n'aient acquis toutes les qualités qu'elles peuvent avoir. La chair du lapin n'a même rien à gagner par des croisements avec le lièvre et même le lapin sauvage. Son amélioration dépend uniquement de l'éleveur. Nous avons dans le lapin domestique tout ce qu'il peut acquérir en grosseur et en fécondité. Nous avons de plus chez lui une tendance remarquable à l'engrais. Voilà des avantages tout acquis, des résultats tout trouvés. Il ne reste plus qu'à améliorer la chair par l'alimentation et le chaponnement. Nous en avons amplement parlé, et c'est de ce côté qu'il faut porter toute notre attention et nos soins.

On a parlé, dans le même temps, du *lapin kanguroo* comme d'une race provenant de la lapine croisée avec le petit kanguroo d'Australie. Or, le kanguroo est un *marsupiau;* je laisse à penser si un tel croisement est possible. Il en est de même du prétendu croisement de la lapine avec le *tatou hybride* de l'Uruguay, qui est du genre des *édentés.*

Certains *rongeurs* pourraient à plus juste titre être croisés avec la lapine domestique, puisqu'ils sont de la même famille; tels sont : 1° l'*agouti* du Brésil, qui fait chaque année trois à quatre nichées de quatre à cinq petits; 2° le *viscache* de la Guyane, qui se creuse des terriers; 3° le *paca* du Paraguay, qui se niche aussi dans des terriers. Mais nous ne saurions prédire à cet égard de grands succès et des résultats satisfaisants.

CHAPITRE XVI

DU COCHON D'INDE OU DE MER

Les personnes qui nous ont prié de donner quelques conseils pour l'éducation de ce petit animal, seront tout simplement averties ici qu'il n'en vaut ni la peine ni la dépense. On supporte, dans une garenne ou dans un jardin, quelques cochons d'Inde pour l'agrément ou pour varier les espèces d'animaux que l'on élève, mais sans espérance d'en tirer grand profit. La fécondité du cochon d'Inde est incomparablement inférieure à celle du lapin, chaque femelle donnant quatre à six petits par an, en quatre ou cinq fois. Les petits viennent au monde tout formés et couverts de poils; ils marchent en naissant, comme le poussin en sortant de l'œuf. La grosse espèce, qui ne va pas au delà de 600 grammes en poids, n'est pas meilleure que la petite, qui est aussi la plus commune. Ce petit animal, cependant, s'engraisse fort bien, et, convenablement apprêté, quoi qu'on en dise, il donne un mets qui n'est pas à dédaigner. Nous ne savons de quelle espèce sont ceux du Jardin zoologique d'acclimatation dont on vante la fécondité, peut-être par ouï-dire.

CONCLUSION

Nous avons accompli notre tâche : que l'on essaye seulement, que l'on suive pas à pas les instructions qu'on vient de lire, et nous aurons obtenu le résultat que nous ambitionnons. L'éducation du lapin domestique comptera parmi ses partisans tous ceux qui auront mis notre méthode à l'épreuve de l'expérience, parce qu'elle en est elle-même le résultat.

Qu'ils se mettent donc à l'œuvre, les ouvriers malheureux, les propriétaires gênés, les pauvres agriculteurs : rien ne coûte moins et ne rend davantage. Les autres petits *Traités* qui suivent celui-ci (1) leur donneront une idée des ressources que peuvent leur créer toutes ces petites industries.

On a dit que pour l'agriculture il ne fallait que des bras. Les faits et l'expérience ont répondu de toutes parts qu'il fallait de l'argent. En effet, ces bras, il faut les payer, les nourrir du moins. Dites à ce pauvre agriculteur : « Pourquoi laissez-vous cette bruyère, cette lande, cette pièce en friche ? — J'en ai besoin pour le troupeau, dira-t-il. — Mais, en la cultivant, vous aurez plus de luzerne qu'il ne vous en faudra. » — Il pourra vous faire d'autres objections tout aussi peu solides, et il finira par vous dire : « Il me faut une charrue, il me faut un cheval, il me faut du fumier, etc., c'est-à-dire, il me faut de l'argent. »

Le moyen cependant de se procurer de l'argent, quand on ne peut pas même faire la moindre avance pour une culture qui vous mettrait au-dessus du besoin ? Ce moyen, s'il existe, doit exiger lui-même quelque avance ; si faible qu'elle soit, elle suppose un fonds quelconque qu'on puisse faire valoir. Or, quelle industrie exige moins de déboursés que celle que nous proposons à ce

---

(1) *De l'Éducation des Poules, des Dindes, des Oies, des Canards.* 1 vol. in-18 orné de figures dans le texte ; prix *franco :* 1 fr. Gois, éditeur.

De l'Éducation des Pigeons, de quelques Oiseaux de luxe, des Ortolans, des Oiseaux de volière et de cage, Canaris, Bouvreuils, Chardonnerets, etc.; 2ᵉ éd. 1 vol. in-18 avec figures dans le texte ; prix *franco :* 1 fr. Même éditeur.

Et un traité laconique, mais pratique et substantiel, sur les *Abeilles,* leur éducation, etc. In-18, prix *franco :* 40 centimes.

pauvre agriculteur? Quelle industrie encore lui rendra autant en si peu de temps? On se rappelle ce que nous avons dit : avec 9 ou 10 fr., on a quatre ou cinq lapines et un mâle. Voilà le déboursé, et l'année suivante, le cultivateur pourra acheter la charrue; il a déjà plus de fumier. Qu'il attende encore un peu, et il achètera d'autres objets utiles, il cultivera cette terre abandonnée, et bientôt il doublera son profit : terre, clapier, etc., tout lui rendra, à moins qu'il ne préfère la stupide pauvreté du sauvage indolent.

Déjà nous avons pu voir l'éducation du lapin faire naître l'aisance et le bonheur au sein des familles malheureuses; et nous pourrions en rapporter une foule d'exemples (1); nous avons la conviction que ce petit

---

(1) Que le lecteur nous permette d'en citer un :

Nous nous occupions, il y a environ vingt ans, dans le midi, à organiser une garenne d'après les principes que nous venons d'établir, et nous étions encouragé par l'exemple et par les conseils d'un magistrat qui retirait un revenu net de plus de 1,000 francs d'une petite garenne qu'il avait installée dans sa ferme. Sur ces entrefaites, un jeune homme de 18 ans, nommé Pierre, infirme, et qui, ne pouvant rien gagner, était rebuté par les siens, vint à nous pour être occupé à quelque petit travail. Le pauvre garçon, malgré l'intérêt que lui portait encore sa mère, se disposait à se séparer de sa famille pour mendier.

Nous lui donnâmes quatre lapines et un mâle ; de son côté, un charitable habitant de son village, sur notre prière, lui prêta une masure abandonnée, où il put élever ses lapins sans rien dire. Il ne lui fut pas difficile de cacher sa petite industrie à sa famille. Elle était habituée à le négliger personnellement : elle s'en occupa moins encore à cette époque, où elle le perdait de vue toute la journée.

Fermement résolu à se faire une position, et, comme ses frères, à apporter sa part de gain à sa mère, il persévéra pendant plus d'une année, ne communiquant qu'à nous ses craintes et ses espérances. Cependant, à peine quelques mois s'étaient écoulés, qu'il commença à porter tous les samedis, au marché voisin, quelques lapins, dont le nombre augmentait chaque jour. Il adjoignit bientôt quatre lapines aux premières, et se donnait une peine infinie pour réussir ; mais que peut-on obtenir sans travail? Le sien porta son fruit.

Le jour de se montrer arriva enfin : c'était au bout de seize mois. Il se trouvait

animal, ou quelqu'un de ceux que nous proposons dans les autres Traités, viendront en aide à bien d'autres encore.

Un autre heureux résultat de l'éducation du lapin sera que le pauvre et le travailleur pourront enfin manger de la viande, même par économie. Alors nous nous réjouirons de voir la classe immense et intéressante des agriculteurs améliorer ses champs et ses produits, remplir ses devoirs avec plus d'aisance, vivre dans la paix d'une heureuse indépendance, et concourir à la puissance et au bonheur de notre belle patrie.

---

en possession d'une fort jolie somme, dont il employa une partie à se vêtir très-proprement. En cet état, il vint apporter le reste à sa mère, qui soupçonnait presque sa probité. Mais elle eut bientôt compris d'où provenait cet argent. La joie de Pierre était pure et sincère ; elle la partagea de bon cœur, et sa famille avec elle.

MODÈLES

POUR LA COMPTABILITÉ

REPORT DE MARS.		FEUILLE COURANTE D'AVRIL	
DATE des nichées.	DATE de l'accouplement (1).	NUMÉROS ET NOMS des Lapines.	DATE de la mise-bas.
	10	1. Abondine . . .	10 (11 petits.)
	1	2. Agoutine. . .	1 (9 id.)
4	9-20	3. Alcine	20 (7 id.)
7	22	4. Amalthine. .	22 (13 id.)
	9	5. Arcadine. . .	10 (8 id.)
5	19	6. Aristine . . .	19 (10 id.)
	26	7. Astérine. . .	26 (4 id.)
2	10-28	8. Baallette. . .	28 (14 id.)
1	15	9. Barbette. . .	16 (12 id.)
3	18	10. Basilette. . .	18 (7 id.)
17	17	11. Belette. . . .	18 (8 id.)
25		12. Bichette. . .	
	12	13. Blanchette. .	12 (15 id.)
	9	14. Brunette. . .	9 (6 id.)
8	8	15. Celluline. . .	

(1) Le plus souvent cette date n'est indiquée que par l'époque de la mise-bas, parce que les lapines passent une ou plusieurs semaines avec le mâle, dans le plus grand nombre de cas.

(1842) MÉTHODE ORDINAIRE.		OBSERVATIONS.
DATE de la mise au mâle, avec son nom.	DATE du sevrage des nichées de février.	
A Castor, le 26. . .	Le 2.	
A Bucéphale, le 12.		
A Osiris, le 30 . . .	Du 6 au 12.	
	Du 10 au 15.	
A Sultan, le 22. . .	Du 6 au 12.	
A Midas, le 30 . . .	Du 7 au 10.	
	Le 8.	
A Sultan, le 27. . .	Le 1.	
A Tantale, le 27 . .	Du 4 au 8.	
A Tantale, le 30 . .	Le 15.	
A Jeannot, le 8. . .	Du 25 au 29.	
A Polyphème, le 27.		
A Midas, le 20 . . .		
A Diogène, le 18. .	Du 7 au 10.	

Tel est le modèle du tableau ou feuille courante que le directeur ou surveillant tracera chaque mois, pour y noter jour par jour tout ce qui doit y être noté, c'est-à-dire tout ce qui a trait à la production.

Pour tout le reste : dépenses, recettes, événements, etc., il le relatera aussi, jour par jour et par ordre, sur un cahier ou journal.

Ces deux dépôts de notes : *feuille* et journal, lui serviront à établir son mois au grand livre ou livret de la garenne.

Chaque lapin et chaque commun y auront un chapitre particulier, et même chaque mâle ; et, à toutes les fins de mois, on y inscrira : 1° le dépouillement de la feuille courante pour les femelles et pour l'entrée des lapereaux au sevrage ; 2° le dépouillement du journal pour les mutations, les morts, les ventes, les mises en production, et on réglera chacun des chapitres : sevrage, primins, secondins, tiercins, quartins, adultes, réserves et engrais, par une balance d'entrée et de sortie.

A la fin du livret, on ouvre des comptes pour les divers chapitres des dépenses et pour les recettes.

C'est une véritable comptabilité, une tenue de livres. Ainsi, on se rend compte de ce que l'on fait, et on ne marche pas dans les ténèbres de l'incurie, qui engloutissent chaque jour dans un abîme des industries que la lumière de la comptabilité et la vigilance eussent rendues plus lucratives et prospères.

Dans le cas où l'on conserverait en réserve un nombre de lapines égal à celui qui est en loges, on n'aurait qu'à doubler le nombre des colonnes sur le livret et sur les feuilles courantes, ou mieux à doubler les lignes, afin d'inscrire à chaque numéro la lapine en loge et celle qui est surnuméraire, et de pouvoir noter les mises au mâle et les portées de chacune d'elles. Exemple :

REPORT DE JUIN.		FEUILLE COURANTE DE JUILLET 1848. MÉTHODE SURNUMÉRAIRE.			
DATES des nichées.	DATES des accouplements.	NUMÉROS et noms des lapines	DATES des mises-bas.	DATES des mises au mâle.	DATES du sevrage des nichées de mai.
9 (15)	12	28 { Égéonie..	12 (11)		10 (12)
		{ Égéonne..		Tamerlan, le 10.	
7 (12)	12	29 { Égérie ...	13 (8)		7 (9)
		{ Égérionne.		Attila, le 7.	
6 (6)	10	30 { Énéie....	10 (9)		7 (6)
		{ Énéonne..		Tamerlan, le 7.	
1 (10)		31 { Éricie....		Osiris, le 2.	2 (9)
	4	{ Érigone ..	4 (9)		
	9	32 { Euménie..	9 (9)		
6 (9)		{ Euméone .		Hermès, le 7.	7 (8)

Mais si l'on ne gardait les lapines en loges particulières que pour une seul nichée, c'est-à-dire si l'on voulait les faire produire avant de les porter au marché, alors la tenue des notes et des feuilles courantes reviendrait à la méthode ordinaire. Dans ce cas, plus on aurait de mâles, quinze, vingt, par exemple, mieux on réussirait. Les lapines extraites des loges, communes de réserve à l'âge de six mois (1), y seraient remises en-

---

(1) Pour les en retirer avec la certitude qu'elles sont pleines, il faut, de temps en temps, leur palper le ventre ; avec un peu d'habitude, on constate facilement la présence des fœtus après les deux ou trois premières semaines de leur fécondation.

semble quelque temps après avoir pris le mâle, puis placées en loges deux ou trois jours avant la mise-bas (1). Ainsi, sur cinquante loges, on compterait toujours environ cinquante nichées chaque mois ou toutes les semaines. Rien n'empêcherait d'en mettre chaque fois quelques-unes de plus aux mâles, afin de suppléer à celles qui pourraient n'être pas fécondées. On comprend que dès lors les produits seraient bien plus considérables. Au reste, chaque éleveur peut combiner toutes ces méthodes et les modifier selon ses vues.

Il nous reste à compléter notre œuvre, en donnant un règlement. Nous pensons que les personnes qui voudront se livrer à l'éducation du lapin, y verront avec plaisir la distribution et l'ordre des diverses occupations de la journée ; nous achèverons ainsi de répondre aux désirs de celles qui nous l'ont demandé.

RÈGLEMENT

Éviter le bruit et tout ce qui peut troubler les lapines, comme la présence d'un chien, etc.

Entretenir de la litière propre et sèche dans toutes les loges, en y jetant un peu de paille ou de mauvais foin dans l'intervalle des nettoyages.

---

(1) Il va sans dire qu'on peut remettre les lapines dans les loges de réserve, après le sevrage et leur mise au mâle, pendant leur mois de gestation.

Brûler souvent des herbes odoriférantes, des grains d'encens dans les compartiments.

Varier les vivres de manière à ne pas donner la même chose plusieurs jours de suite aux communs, et même plusieurs repas de suite aux nourrices et au sevrage.

On fera la première distribution l'été à cinq heures du matin, et l'hiver à sept heures. (Il faut environ une heure à une personne pour faire la distribution dans un établissement de cinquante lapines.) Nous conseillons, d'après notre expérience, de ne donner que deux repas par jour aux communs de trois mois et plus, et même aux mâles. On fera ensuite la visite des nichées, de manière à voir toutes les nouvelles et une partie des autres, pour qu'elles soient toutes examinées, de trois en trois jours, par section ou par salle.

Aussitôt après, on retirera des mâles les femelles qui y sont, ou l'on y mettra celles qui sont désignées. Puis on retirera d'auprès de leurs mères les lapereaux qui doivent être sevrés.

On nettoiera les loges des lapines deux ou trois jours avant qu'elles mettent bas, sans compter les autres nettoyages, et on y placera les cases à nicher.

Le reste de la matinée se passera à des soins de propreté générale, d'entretien, de surveillance, etc.

A onze heures, on placera dans chaque salle les diverses substances qui doivent être distribuées; à midi, on préparera celles qui doivent l'être, on videra tous les râteliers pour en jeter les restes dans un coin de quelque compartiment où sont des lapins adultes qui en profiteront. Enfin, on retirera les branches d'arbres données la veille.

A midi, on fera en tout temps la seconde distribution,

après laquelle on balayera. Les balayures seront ensuite jetées dans quelque compartiment, parce que les lapins y trouvent toujours quelques herbes et quelques débris à manger.

On fera les diverses mutations exigées par l'avancement successif des lapereaux, d'un compartiment à un autre, suivant les âges, les époques et les besoins des divers communs, des loges communes, des réserves, de l'engrais, etc.

On coupera les lapereaux, en observant de ne pas faire cette petite opération par des temps trop chauds, ou froids et humides.

Vient ensuite le nettoyage des communs et autres compartiments qui en auraient besoin.

On déposera dans chaque salle les diverses substances qu'on doit donner le soir.

A cinq heures, en hiver, on fera la troisième distribution, après laquelle on préparera celle du lendemain.

En été, on ne fait la distribution qu'à sept heures, et l'on peut employer les deux heures libres à la culture et à l'entretien du jardin de la garenne.

Enfin, après la distribution du soir et la préparation des vivres du lendemain, on vaquera aux occupations qui peuvent survenir, et on terminera en mettant au net les notes de la journée.

TABLE DES MATIÈRES

Paris. — Imprimerie Viéville et Capiomont, rue de Poitevins, 6.

BIBLIOTHÈQUE DE L'AGRICULTEUR PRATICIEN (1)
Encouragée par S. Exc. le Ministre de l'Agriculture

ABEILLES (*Education des*), par A. ESPANET. In-18.......................... » 40
AGRONOMIE ET PHYSIOLOGIE VÉGÉTALE. Études théoriques et pratiques, par I. PIERRE. 4 vol. in-18. T. 1er : *Sol, Engrais, Amendements*. — Tome II : *Plantes fourragères ; Graines et produits dérivés*. — Tome III : *Céréales*. — Tome IV : *Plantes industrielles ; recherches diverses*.................. 14 »
ALMANACH DE L'AGRICULTEUR PRATICIEN pr 1871-72. 14e année. In-18, fig. » 50
    Les années 1858 à 1870 chaque.. » 50
ANALYSE CHIMIQUE APPLIQUÉE A L'AGRICULTURE (*Notions élémentaires d'*), par Isidore PIERRE. 1 vol. in-18 avec fig...................... 2 50
BASSE-COUR ET LAPIN DOMESTIQUE, par YSABEAU. 1 vol. in-18.......... » 75
BÉTAIL (*De l'alimentation du*), par Isidore PIERRE, 4e édition. 1 vol. in-18..... 2 50
BÊTES OVINES (*Des*) ET DES CHÈVRES, par YSABEAU. 1 vol. in-18, fig...... » 75
CAILLES, FAISANS ET PERDRIX, par ALLARY. 1 vol. in-18, fig.............. 1 50
CHEVAL. Principes sommaires d'élevage du cheval, par BASSERIE. 2e édit. In-18. 1 25
CHEVAUX. Conseils aux Éleveurs, par Ch. DU HAYS. 1 vol. in-18, fig........... 3 50
CHIENS. Maladies et traitement, par HERTWIG, 2e édition. 1 vol. in-18......... 3 50
CULTIVATEUR ANGLAIS (*Le*), théorie et pratique de l'agriculture, par MURPHY, traduit de l'anglais par SANREY. 1 vol. in-18, fig............................ 1 50
ENGRAIS DE MER : *Tangues, Trez, Merl, Goëmons, Débris divers de poissons, Guanos*, etc., par I. PIERRE, 2e édit. 1 vol. in-18.................. 2 50
ENGRAIS (*Des*) en général, etc., par Michel GREFF, 2e édit. In-18.............. » 50
FAISANS, COLINS, CANARDS MANDARINS, etc., par A. LEGRAND. 1 vol. in-18. 2 »
FOURRAGES (*Valeur nutritive des*), par Isidore PIERRE, 4e édit. In-18........ 2 50
FUMIER (*Plâtrage ou sulfatage du*), par I. PIERRE, 3e édit. In-18............. » 50
GRAMINÉES CÉRÉALES ET FOURRAGÈRES, rendement des diverses espèces ; sols qui conviennent, etc., par DEMOOR. 1 vol. in-18 orné de 150 figures.. 2 50
GUANO DU PÉROU, composition, falsifications, etc. In-18.................... » 30
IRRIGATION (*Manuel d'*), par DEBY. In-18, 100 fig....................... 1 50
LAPIN DOMESTIQUE (*Education du*), par le F. Alexis ESPANET, 5e éd. In-18. 1 »
MAÏS ET SORGHO SUCRÉ (*Alcoolisation des tiges de*). Alcool. — Cidre. — Bière. — Vins artificiels, par DURET. In-18................................ » 75
MARNE ET CHAUX. Leur emploi en agriculture, par Isidore PIERRE. In-18.... » 50
MATIÈRES FERTILISANTES. Choix, achat, emploi, origine, composition, valeur, effets, durée, modes d'emploi, etc., par DUDOUY. In-18.. .... 2 50
MÉDECIN VÉTÉRINAIRE DES BÊTES A CORNES, par COTTIER. 1 vol. in-18. 1 »
ORTIE DE LA CHINE, sa culture, par RAMON DE LA SAGRA. In-18........... 1 »
PIGEONS, *Oiseaux de luxe, de volière et de cage*, par A. ESPANET. 2e édit. In-18. 1 »
PLANTES FOURRAGÈRES (*Traité pratique de la culture des*), par DE THIER. 3e édit., corrigée par LEROY. In-18.................................... 1 »
PORCHERIES (*De l'établissement des*), construction, etc. In-18, 93 grav...... 2 50
PORCS (*Du traitement des*) aux différentes époques de l'année. In-18, 64 grav. 2 »
POULES, DINDES, OIES ET CANARDS, par le F. Alexis ESPANET. In-18... 1 »
PRAIRIES ET FOURRAGES dans les terres fortes et argileuses du Midi (*Traité pratique*), par A. DE SAINT-FÉLIX (1841). In-18.......................... 1 25
PROFITS EN AGRICULTURE (*Les*), par Pierre MÉHEUST. 1 vol. in-18........ 1 50
RÉCOLTES DÉROBÉES (*Des*), comme fourrages et engrais verts, et culture de la MOUTARDE BLANCHE, traduit de l'anglais par J. A. G. In-18, fig .... » 75
SANG DE RATE des animaux d'espèces ovine et bovine, par I. PIERRE. In-18.. 1 »
SEMAILLES EN LIGNE (*Des*) et des semoirs mécaniques, par F. GEORGES. In-18. » 50
SORGHO A SUCRE. Culture, etc., par MADINIER. In-8.................... » 60
SORGHO A SUCRE (*Guide du distillateur du*), par F. BOURDAIS. In-18...... 1 »
STABULATION de l'espèce bovine, par PEERS. In-18........................ 1 25
VÉGÉTAUX (*Nutrit. des*) dans ses rapp. avec les *Assolements*, par DE BABO. In-18. 1 »
VISITE à un véritable agriculteur praticien, par DURAND-SAVOYAT. In-18..... 1 25

(1) *L'Agriculteur praticien*, revue de l'Agriculture française et étrangère : 24 numéros par an avec figures dans le texte. — Prix : 6 fr. — Les abonnements datent du 1er janvier de chaque année.

www.ingramcontent.com/pod-product-compliance
Lightning Source LLC
LaVergne TN
LVHW050756200726
843507LV00001B/139